工学结合·基于工作过程导向的项目化创新系列教材
国家示范性高等职业教育电子信息大类"十三五"规划教材

U0279046

Java
程序设计项目化教程

◎主　编　张吉力　黄　涛　吴　强

◎副主编　张喻平　魏郧华　李胡媛　肖　念

◎主　审　杨　烨

华中科技大学出版社
http://www.hustp.com
中国·武汉

内容简介

本书全面介绍Java基础知识,共分为7个单元,包括Java入门开发、Java语言基础及顺序结构程序设计、选择结构程序设计、循环结构程序设计、数组、方法、面向对象编程技术基础。

本书以任务驱动的组织模式,实现"教、学、做"一体化,将Java语言中的基础知识和技能训练有机结合起来。本书实用性强,重点突出实际技能的训练,可作为高职院校、应用型本科计算机专业、信息管理等相关专业学生的教材,也可作为各种Java培训班的培训教材和自学教材,对程序设计人员也有一定的参考价值。

为了方便教学,本书还配有电子课件等教学资源包,任课教师和学生可以登录"我们爱读书"网(www.ibook4us.com)免费注册并浏览,或者发邮件至 hustpeiit@163.com 免费索取。

图书在版编目(CIP)数据

Java程序设计项目化教程/张吉力,黄涛,吴强主编. —武汉:华中科技大学出版社,2017.8
国家示范性高等职业教育电子信息大类"十三五"规划教材
ISBN 978-7-5680-3247-6

I.①J… Ⅱ.①张… ②黄… ③吴… Ⅲ.①JAVA 语言-程序设计-高等职业教育-教材 Ⅳ.①TP312.8

中国版本图书馆 CIP 数据核字(2017)第 189391 号

Java 程序设计项目化教程
Java Chengxu Sheji Xiangmuhua Jiaocheng

张吉力 黄 涛 吴 强 主编

策划编辑:康　序
责任编辑:史永霞
责任监印:朱　玢
出版发行:华中科技大学出版社(中国·武汉)　　电话:(027)81321913
　　　　　武汉市东湖新技术开发区华工科技园　　邮编:430223
录　　排:武汉楚海文化传播有限公司
印　　刷:武汉市籍缘印刷厂
开　　本:787mm×1092mm　1/16
印　　张:9.75
字　　数:244千字
版　　次:2017年8月第1版第1次印刷
定　　价:28.00元

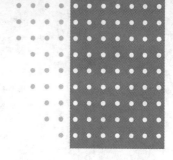

FOREWORD
前言

本书的编者都是多年从事 Java 语言教学和使用 Java 开发项目的教育工作者和软件工程师,对 Java 有着深入的理解。在从事 Java 语言教学的过程中,编者了解到学生在学习 Java 语言时遇到的难点,知道如何引导学生更快、更准确地掌握和使用 Java 语言。在此基础上,编者在编写本书时采用任务驱动的组织模式来全面解析 Java 基础知识,概念清楚、重点突出、内容丰富、结构合理、思路清晰、案例翔实。读者通过逐步完成各个任务,可以由浅入深地掌握 Java 的相关知识与技能,增强对基本概念的理解和实际动手能力的培养。

本书共分为 7 个单元。单元 1 介绍 Java 语言的特点、开发环境的搭建及开发工具的使用。单元 2 介绍 Java 语言基础及顺序结构程序设计,包括数据类型、标识符、常量、变量、运算符、表达式及顺序结构程序设计。单元 3 介绍选择结构程序设计,包括 if、if…else、if…else if、if 语句的嵌套及 switch 语句的用法。单元 4 介绍循环结构程序设计,包括 while、do…while、for、循环的嵌套及 break 语句和 continue 语句的用法。单元 5 介绍数组,包括一维数组、二维数组的定义及使用方法。单元 6 介绍方法的使用,通过本单元的学习及任务训练,可以掌握应用方法进行模块化程序设计的流程。单元 7 介绍面向对象编程技术的基础知识,为后续深入学习 Java 语言奠定了扎实的基础。

本书主要面向 Java 初学者,适合作为高职高专及应用型本科院校的 Java 教材、各种 Java 培训班的培训教材,还可作为程序设计人员的参考资料。

本书由武汉城市职业学院的张吉力、黄涛、吴强任主编,副主编为武汉城市职业学院的张喻平、魏郧华和武汉信息传播职业技术学院的李胡媛、肖念。本书的编写分工为:单元 2 和单元 4 由张吉力编写,单元 1 和单元 5 由黄涛编写、单元 6 由吴强编写,单元 3 由张喻平编写,单元 7 由魏郧华编写,李胡媛与肖念为本书的编写提供了不少素材。全书由张吉力、吴强负责规划各章节内容并完成全书的修改和统稿工作,由武汉软件工程职业学院杨烨主审。此外,参与本书资料搜集和整理的还有全丽莉、王社、李芙蓉、魏芬等人,在此,对他们表示衷心感谢。

为了方便教学,本书还配有电子课件等教学资源包,任课教师和学生可以登录"我们爱读书"网(www.ibook4us.com)免费注册并浏览,或者发邮件至 hustpeiit@163.com 免费索取。

由于作者水平有限,书中难免有疏漏及不足之处,恳请广大读者不吝提出宝贵意见,帮助我们改正提高。

编者

2017 年 6 月

CONTENTS

目录

单元 1　Java开发入门

任务1　什么是Java 及其特点

一、什么是 Java

Java 是一种可以撰写跨平台应用软件的面向对象的程序设计语言，是由 Sun Microsystems 公司于 1995 年 5 月推出的 Java 程序设计语言和 Java 平台（即 Java SE、Java EE 和 Java ME）的总称。Java 平台由 Java 虚拟机（Java virtual machine）和 Java 应用程序编程接口（application programming interface，简称 API）构成。Java 应用程序编程接口为 Java 应用提供了一个独立于操作系统的标准接口，可分为基本部分和扩展部分。在硬件或操作系统平台上安装一个 Java 平台之后，Java 应用程序就可运行。现在 Java 平台已经嵌入了几乎所有的操作系统。这样 Java 程序可以只编译一次，就可以在各种系统中运行。

二、Java 的特点

Java 是一个支持网络计算的面向对象程序设计语言。Java 吸收了 Smalltalk 语言和C++语言的优点,并增加了其他特性,如支持并发程序设计、网络通信和多媒体数据控制等。主要特性如下:

1.简单

Java 语言是一种面向对象的语言,它通过提供最基本的方法来完成指定的任务,只需理解一些基本的概念,就可以用它编写出适合于各种情况的应用程序。Java 略去了运算符重载、多重继承等模糊的概念,并且通过实现自动垃圾收集大大简化了程序设计者的内存管理工作。另外,Java 也适合在小型机上运行,它的基本解释器及类的支持只有 40 KB 左右,加上标准类库和线程的支持也只有 215 KB 左右。

2.面向对象

Java 语言的设计集中于对象及其接口,它提供了简单的类机制以及动态的接口模型。对象中封装了它的状态变量以及相应的方法,实现了模块化和信息隐藏;而类则提供了一类对象的原型,并且通过继承机制,子类可以使用父类所提供的方法,实现了代码的复用。

3.分布性

Java 是面向网络的语言。通过它提供的类库可以处理 TCP/IP 协议,用户可以通过 URL 地址在网络上很方便地访问其他对象。

4.鲁棒性

Java 在编译和运行程序时,都要对可能出现的问题进行检查,以消除错误的产生。它提供自动垃圾收集来进行内存管理,防止程序员在管理内存时出现错误。在编译时,通过集成的面向对象的异常处理机制,Java 提示出可能出现但未被处理的异常,帮助程序员正确地进行选择以防止系统的崩溃。另外,Java 在编译时还可捕获类型声明中的许多常见错误,防止动态运行时不匹配问题的出现。

5.安全性

用于网络、分布环境下的 Java 必须防止病毒的入侵。Java 不支持指针,一切对内存的访问都必须通过对象的实例变量来实现,这样就防止了程序员使用"特洛伊"木马等欺骗手段访问对象的私有成员,同时也避免了指针操作中容易产生的错误。

6.体系结构中立

Java 解释器生成与体系结构无关的字节码指令,只要安装了 Java 运行时系统,Java 程序就可在任意处理器上运行。这些字节码指令对应于 Java 虚拟机中的表示,Java 解释器得到字节码后,对它进行转换,使之能够在不同的平台上运行。

7.可移植性

与平台无关的特性使 Java 程序可以方便地移植到网络上的不同机器。同时,Java 的类库中也实现了与不同平台的接口,使这些类库可以移植。另外,Java 编译器是由 Java 语言实现的,Java 运行时系统由标准 C 语言实现,这使得 Java 系统本身也具有可移植性。

8.解释执行

Java 解释器直接对 Java 字节码进行解释执行。字节码本身携带了许多编译的信息,使得

连接过程更加简单。

9.高性能

和其他解释执行的语言不同,Java 字节码的设计使之能很容易地直接转换成对应于特定 CPU 的机器码,从而得到较高的性能。

10.多线程

多线程机制使应用程序能够并行执行,而且同步机制保证了对共享数据的正确操作。通过使用多线程,程序设计者可以分别用不同的线程完成特定的行为,而不需要采用全局的事件循环机制,这样就很容易实现网络上的实时交互行为。

11.动态性

Java 的设计使它适合于不断发展的环境。在类库中可以自由地加入新的方法和实例变量,而不会影响用户程序的执行。并且 Java 通过接口来支持多重继承,使之比严格的类继承具有更灵活的方式和扩展性。

任务2　Java 平台的体系结构

Java 平台分为三个体系,分别为 Java SE、Java EE 和 Java ME。

Java SE:Java 的标准版,是整个 Java 的基础和核心,也是 Java EE 和 Java ME 技术的基础,主要用于开发桌面应用程序。本书所有内容都是基于 Java SE 的。

Java EE:Java 的企业版,它提供了企业级应用开发的完整解决方案,比如开发网站,还有企业的一些应用系统,是 Java 技术应用最广泛的领域。

Java ME:Java 的微缩版,主要应用于嵌入式开发,比如手机程序的开发。

任务3　Java 开发环境的搭建

一、JDK 介绍及安装

JDK(Java development kits)就是 Java 开发工具箱,JDK 中主要包括:

(1)JRE(Java runtime environment,Java 运行时环境)。它是 JDK 的子集合,包含了 JDK 中执行 Java 程序所需的组件,但未包含部署的组件。

(2)JVM(Java virtual machine,Java 虚拟机),其主要作用是进行 Java 程序的运行和维护。

(3)Java API(Java 应用程序编程接口),其主要作用是为编程人员提供已经写好的功能,便于快速开发。(注意:一般我们所说的 Java 版本就是指 Java API 的版本,也等同于 JDK 的版本。)

(4)Java 编译器(javac. exe)、Java 运行时解释器(java. exe)、Java 文档化工具(javadoc. exe)及其他工具和资源。

JRE 的三项主要功能如下:

（1）加载代码：由类加载器完成。

（2）校验代码：由字节码校验器完成。

（3）执行代码：由运行时解释器完成。

以上三项主要功能基本上都是以安全为出发点。只有安装了 JRE，才能运行 Java 程序。

JDK 最新的版本可以在"http://www.oracle.com/technetwork/java/javase/downloads/index.html"上获取。其中需要注意以下两点：

（1）由于 Sun 公司在 2009 年被 Oracle 公司收购，所以 JDK 的下载地址也顺理成章地变成了 Oracle 公司的网址。

（2）JDK 的版本根据 Java 平台的体系结构也分为 Java SE、Java EE 和 Java ME，本书选择 Java SE 版的 JDK 进行安装。

JDK 安装完成后的目录如图 1.1 所示。

C:\Program Files\Java

名称	修改日期	类型	大小
jdk1.7.0_80	2017/3/1 11:26	文件夹	
jre7	2017/3/1 11:26	文件夹	

图 1.1　JDK 安装完成后的目录

JDK 文件夹目录如图 1.2 所示。

C:\Program Files\Java\jdk1.7.0_80

名称	修改日期	类型	大小
bin	2017/3/1 11:25	文件夹	
db	2017/3/1 11:25	文件夹	
include	2017/3/1 11:25	文件夹	
jre	2017/3/1 11:25	文件夹	
lib	2017/3/1 11:25	文件夹	
COPYRIGHT	2015/4/10 12:45	文件	4 KB
LICENSE	2017/3/1 11:25	文件	1 KB
README.html	2017/3/1 11:25	HTML 文档	1 KB
release	2017/3/1 11:25	文件	1 KB
src.zip	2015/4/10 12:45	WinRAR ZIP 压缩...	20,304 KB
THIRDPARTYLICENSEREADME.txt	2017/3/1 11:25	文本文档	173 KB
THIRDPARTYLICENSEREADME-JAVAF...	2017/3/1 11:25	文本文档	110 KB

图 1.2　JDK 文件夹目录

其中常用文件夹介绍如下。

（1）bin 文件夹：存放 GDK 附带的实用工具。bin（binary）的中文意思是二进制。

（2）lib 文件夹：类库。Java 开发工具使用的归档文件，其中包含 tools.jar，它包含支持 JDK 的工具和实用程序的非核心类。

（3）jre 文件夹：Java 运行时的环境，其中包含 Java 虚拟机。

（4）include 文件夹：包含头文件，支持 Java 本地接口和 Java 虚拟机调试程序接口的本地代码编程。

（5）db 文件夹：一个纯 Java 实现，开源的数据库管理系统（DBMS）的 Java 内嵌数据库。

（6）src 压缩包：存放 Java 的源代码。

注意：
　　JDK 里的 bin、lib 文件夹和 JRE 里的 bin、lib 是不同的，总体来说，JDK 是用于 Java 程序开发的，而 JRE 则只能运行 class，而没有编译的功能。

　　一般在 JDK 安装后会有两套 JRE，即图 1.1 中的"jre7"文件夹与图 1.2 中的"jre"文件夹，它们的区别在于前者是为用户开发的 Java 程序服务的，后者是为 JDK 目录中的应用程序服务的。这样在执行时可以使用不同的 JRE，减少搜索的时间，提高程序的执行速度。

二、环境变量的设置

　　与 Java 相关的环境变量主要有 Path 和 CLASSPATH。

　　Path：用于指定操作系统的可执行路径，也就是要告诉操作系统，Java 编译器和运行器在什么地方可以找到并运行 Java 程序的工具。

　　CLASSPATH：Java 虚拟机在运行某个类时会按 CLASSPATH 指定的目录顺序去查找这个类。

　　下面以 Windows 10 系统为例，讲解如何在系统中配置上述环境变量。

　　第一步，在"系统属性"对话框的"高级"选项卡中单击"环境变量"按钮，如图 1.3 所示。

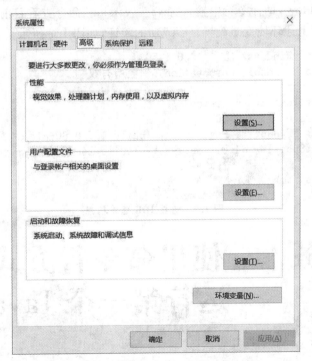

图 1.3　"系统属性"对话框（"高级"选项卡）

第二步,在弹出的"环境变量"对话框中单击"新建"按钮,添加"JAVA_HOME"环境变量,如图1.4所示。

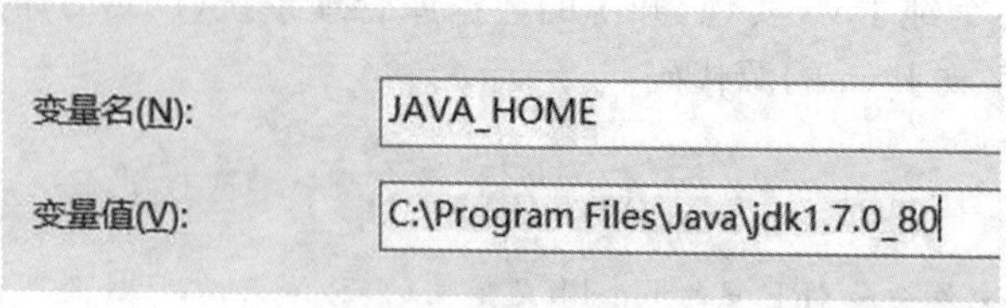

| 变量名(N): | JAVA_HOME |
| 变量值(V): | C:\Program Files\Java\jdk1.7.0_80 |

图 1.4　新建环境变量"JAVA_HOME"

第三步,参照第二步的方法添加"CLASSPATH"环境变量,如图1.5所示。

| 变量名(N): | CLASSPATH |
| 变量值(V): | .;%JAVA_HOME%\lib;%JAVA_HOME%\lib\tools.jar |

图 1.5　新建环境变量"CLASSPATH"

第四步,在"环境变量"对话框的"系统变量"栏选择"Path"变量,单击"编辑",在弹出的"编辑环境变量"对话框中单击"新建",增加 bin 路径,如图1.6所示。

%JAVA_HOME%\bin

图 1.6　增加 bin 路径

第五步,单击"确定"按钮,关闭所有弹出的对话框。

第六步,在 Windows 的命令行中输入"java -version"命令查看目前所安装的 JDK 的版本信息,同时也是对上述环境变量配置是否成功的验证,如图1.7所示。

```
Microsoft Windows [版本 10.0.14393]
(c) 2016 Microsoft Corporation。保留所有权利。

C:\Users\Tom>java -version
java version "1.7.0_80"
Java(TM) SE Runtime Environment (build 1.7.0_80-b15)
Java HotSpot(TM) 64-Bit Server VM (build 24.80-b11, mixed mode)

C:\Users\Tom>
```

图 1.7　查看 JDK 版本信息

任务4　使用命令行方式编译运行第一个 Java 程序

一、javac & java 命令

javac 和 java 是 JDK 中自带的两个命令行工具,位于 JDK 文件夹的 bin 目录下,如图1.8所示。

C:\Program Files\Java\jdk1.7.0_80\bin

名称 ∧	修改日期	类型	大小
appletviewer.exe	2017/3/1 11:25	应用程序	16 KB
apt.exe	2017/3/1 11:25	应用程序	16 KB
extcheck.exe	2017/3/1 11:25	应用程序	16 KB
idlj.exe	2017/3/1 11:25	应用程序	16 KB
jabswitch.exe	2017/3/1 11:25	应用程序	55 KB
jar.exe	2017/3/1 11:25	应用程序	16 KB
jarsigner.exe	2017/3/1 11:25	应用程序	16 KB
java.exe	2017/3/1 11:25	应用程序	186 KB
javac.exe	2017/3/1 11:25	应用程序	16 KB

图 1.8 JDK 的 bin 目录

javac.exe:Java 语言编译器,它负责将 Java 源代码(.java 文件)变为字节码文件(.class 文件)。

java.exe:Java 语言解释器,它负责执行 Java 字节码文件。

由于之前已经在系统中添加了 Java 的 Path 环境变量,故可以在 Windows 命令行中查看这两个命令的帮助文档。

在 Windows 命令行中输入"java -help"查看 java 命令的帮助文档,如图 1.9 所示。

```
Microsoft Windows [版本 10.0.14393]
(c) 2016 Microsoft Corporation。保留所有权利。

C:\Users\Tom>java -help
用法: java [-options] class [args...]
           (执行类)
   或  java [-options] -jar jarfile [args...]
           (执行 jar 文件)
其中选项包括:
    -d32          使用 32 位数据模型 (如果可用)
    -d64          使用 64 位数据模型 (如果可用)
    -server       选择 "server" VM
    -hotspot      是 "server" VM 的同义词 [已过时]
                  默认 VM 是 server.

    -cp <目录和 zip/jar 文件的类搜索路径>
    -classpath <目录和 zip/jar 文件的类搜索路径>
                  用 ; 分隔的目录, JAR 档案
                  和 ZIP 档案列表, 用于搜索类文件。
    -D<名称>=<值>
                  设置系统属性
    -verbose:[class|gc|jni]
                  启用详细输出
    -version      输出产品版本并退出
    -version:<值>
                  需要指定的版本才能运行
    -showversion  输出产品版本并继续
    -jre-restrict-search | -no-jre-restrict-search
                  在版本搜索中包括/排除用户专用 JRE
    -? -help      输出此帮助消息
```

图 1.9 查看 java 命令的帮助文档

在 Windows 命令行中输入"javac −help"查看 javac 命令的帮助文档,如图 1.10 所示。

```
Microsoft Windows [版本 10.0.14393]
(c) 2016 Microsoft Corporation。保留所有权利。

C:\Users\Tom>javac −help
用法: javac <options> <source files>
其中, 可能的选项包括:
 -g                        生成所有调试信息
 -g:none                   不生成任何调试信息
 -g:{lines,vars,source}    只生成某些调试信息
 -nowarn                   不生成任何警告
 -verbose                  输出有关编译器正在执行的操作的消息
 -deprecation              输出使用已过时的 API 的源位置
 -classpath <路径>          指定查找用户类文件和注释处理程序的位置
 -cp <路径>                 指定查找用户类文件和注释处理程序的位置
 -sourcepath <路径>         指定查找输入源文件的位置
 -bootclasspath <路径>      覆盖引导类文件的位置
 -extdirs <目录>            覆盖所安装扩展的位置
 -endorseddirs <目录>       覆盖签名的标准路径的位置
 -proc:{none,only}         控制是否执行注释处理和/或编译。
 -processor <class1>[,<class2>,<class3>...] 要运行的注释处理程序的名称;绕过默认的搜索进程
 -processorpath <路径>      指定查找注释处理程序的位置
 -d <目录>                  指定放置生成的类文件的位置
 -s <目录>                  指定放置生成的源文件的位置
 -implicit:{none,class}    指定是否为隐式引用文件生成类文件
 -encoding <编码>           指定源文件使用的字符编码
 -source <发行版>           提供与指定发行版的源兼容性
 -target <发行版>           生成特定 VM 版本的类文件
 -version                  版本信息
 -help                     输出标准选项的提要
 -A关键字[=值]               传递给注释处理程序的选项
 -X                        输出非标准选项的提要
 -J<标记>                   直接将 <标记> 传递给运行时系统
 -Werror                   出现警告时终止编译
 @<文件名>                  从文件读取选项和文件名
```

图 1.10　查看 javac 命令的帮助文档

二、.class 文件

.class 文件是 Java 源文件进行编译后产生的,它是一种可以运行在任何支持 Java 虚拟机的硬件平台和操作系统上的二进制文件。Java 与平台无关的特性就是通过.class 文件体现的,本质上就是通过 Java 虚拟机解释执行.class 文件来运行 Java 程序。

三、使用命令行方式编译运行第一个 Java 程序

下面介绍如何使用命令行方式编译运行第一个 Java 程序。

第一步,在 Windows 记事本中输入以下代码,如图 1.11 所示。

第二步,将此文件保存在"C:\HelloJava"目录中,文件名为"HelloJava.java"。

第三步,打开 Windows 命令行并切换到"C:\HelloJava"目录下。

第四步,在命令行中输入"javac HelloJava.java"命令来编译 Java 源文件。编译系统在同一目录下会自动产生"HelloJava.java"对应的"HelloJava.class"文件,如图 1.12 所示。

```
无标题 - 记事本
文件(F)  编辑(E)  格式(O)  查看(V)  帮助(H)
public class HelloJava{
    public static void main(String[] args){
        System.out.println("Hello Java!");
    }
}
```

图 1.11　输入 Java 代码

```
C:\HelloJava>javac HelloJava.java

C:\HelloJava>dir
 驱动器 C 中的卷是 Windows
 卷的序列号是 4A58-D344

 C:\HelloJava 的目录

2017/04/02  14:33    <DIR>          .
2017/04/02  14:33    <DIR>          ..
2017/04/02  14:33               423 HelloJava.class
2017/04/02  14:24               126 HelloJava.java
               2 个文件            549 字节
               2 个目录 53,030,273,024 可用字节
```

图 1.12　编译 Java 代码

第五步，在命令行中输入"java HelloJava"命令运行 Java 程序，如图 1.13 所示。

```
C:\HelloJava>java HelloJava
Hello Java!
```

图 1.13　运行 Java 程序

任务5　使用 Eclipse 编译运行第一个 Java 程序

一、Eclipse 介绍

Eclipse 是一个开放源代码的、基于 Java 的可扩展开发平台。就其本身而言，它只是一个框架和一组服务，用于通过插件组件构建开发环境。幸运的是，Eclipse 附带了一个标准的插件集，包括 Java 开发工具。它主要用来进行 Java 语言开发，同时也可以通过插件使其作为C++、Python、PHP 等其他语言的开发工具。Eclipse 的官方下载地址为"https://www.eclipse.org/"。

二、使用 Eclipse 编译运行第一个 Java 程序

下面介绍如何使用 Eclipse 编译运行第一个 Java 程序。

第一步，打开 Eclipse，选择"文件"—>"新建"—>"Java 项目"，弹出图 1.14 所示的"新建

Java 项目"对话框的"创建 Java 项目"页面。

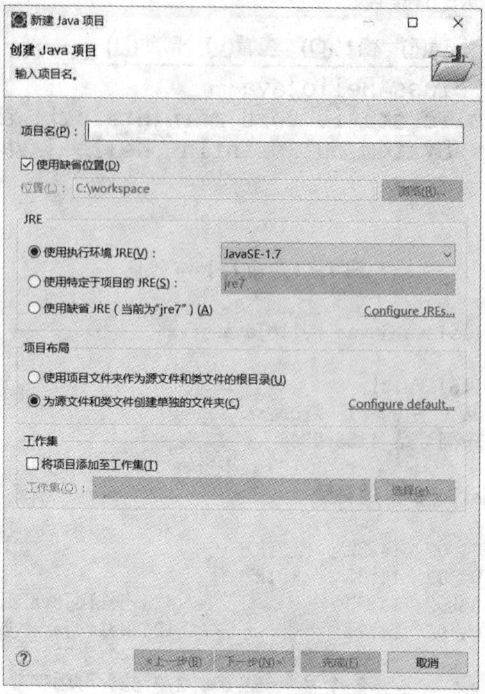

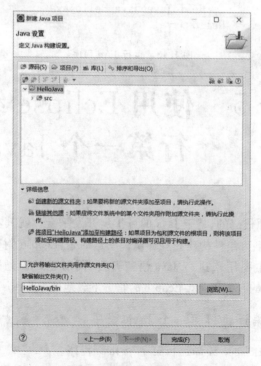

图 1.14 "新建 Java 项目"对话框("创建 Java 项目"页面)

第二步,在图 1.14 所示的"新建 Java 项目"对话框的"项目名"文本框中输入"HelloJava",
然后单击"下一步"按钮,弹出图 1.15 所示的"Java 设置"页面。

图 1.15 "新建 Java 项目"对话框("Java 设置"页面)

第三步,在图 1.15 中单击"完成"按钮来创建 HelloJava 项目,结果如图 1.16 所示。

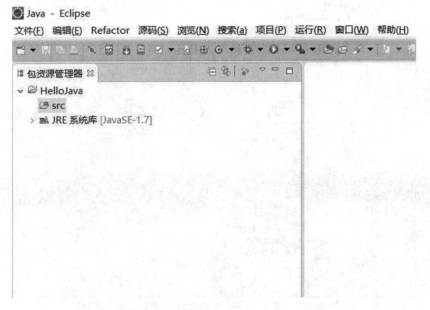

图 1.16 创建的 Java 项目——HelloJava

第四步,在图 1.16 左侧的"包资源管理器"中选择"HelloJava"下的"src"文件夹,单击鼠标右键,在弹出的快捷菜单中依次选择"新建"->"类",弹出图 1.17 所示的"新建 Java 类"对话框。

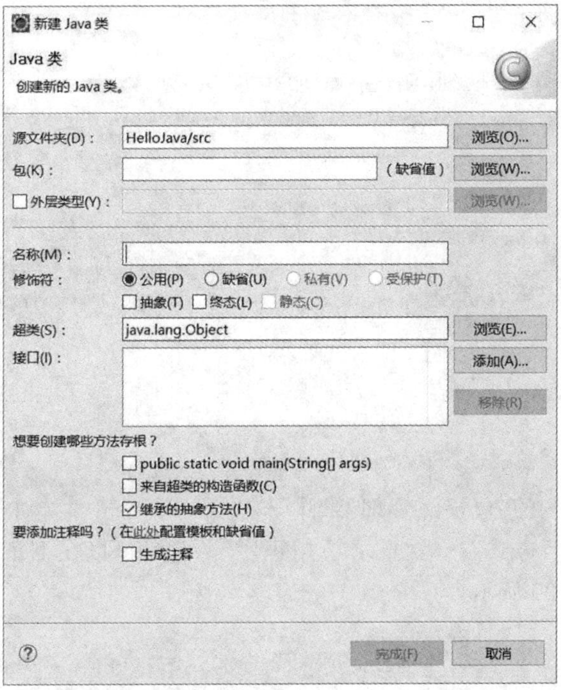

图 1.17 "新建 Java 类"对话框

第五步,在"新建 Java 类"对话框的"名称"文本框中输入"HelloJava",同时选中"public static void main(String[] args)",如图 1.18 所示,单击"完成"按钮。

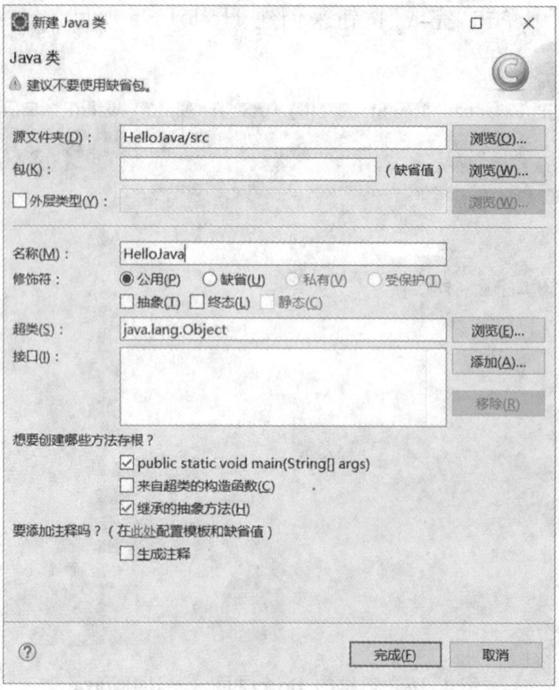

图 1.18　"新建 Java 类"对话框（设置参数）

　　第六步，查看 HelloJava.java 源码文件，并在右侧编辑窗口中的第 6 行输入"System.out.println("Hello Java!");"，如图 1.19 所示。

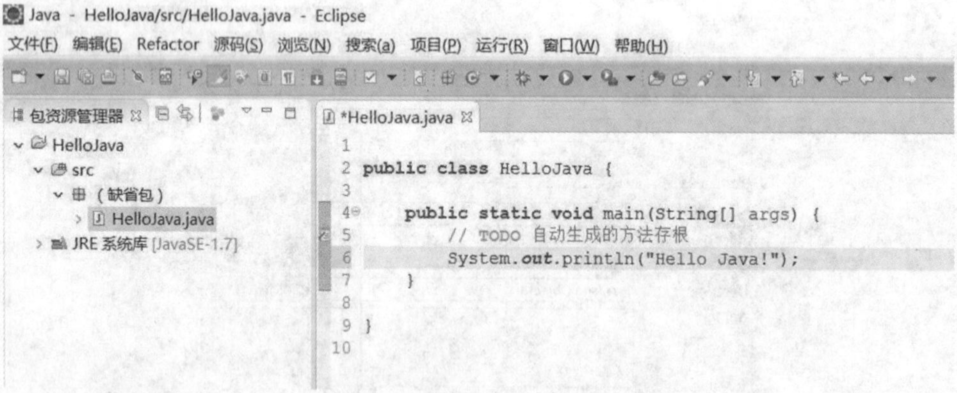

图 1.19　查看源码并输入代码

　　第七步，再次在左侧的"包资源管理器"中选择"HelloJava"并单击鼠标右键，在弹出的快捷菜单中依次选择"运行方式"—>"Java 应用程序"。此时可以在 Eclipse 的"控制台"中查看程序运行结果，如图 1.20 所示。

图 1.20　查看程序运行结果

Eclipse 有图形化的开发、编译及运行环境,相比于使用命令行工具的开发模式,它更适合于 Java 初学者。

三、关于 Eclipse 的一些设置技巧

1.如何设置源码文件的编码格式

Eclipse 中默认的源码文件的编码格式是 GBK,用户也可以根据需要将其设置成其他编码格式,比如 UTF-8。此设置可以根据设置范围分为全局设置与局部设置。

1)全局设置法:设置整个工作区间

通过单击菜单"窗口"->"首选项"命令打开"首选项"对话框,依次选择"常规"->"工作空间",在右侧下面的"文本文件编码"中进行源文件编码格式的设置,如图 1.21 所示。

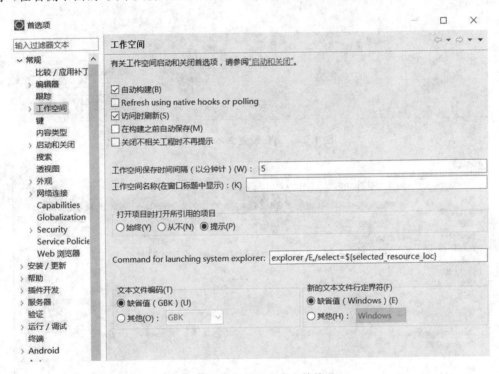

图 1.21 全局设置文本文件编码

2)局部设置法:设置工作区间中的单个项目

在左侧的"包资源管理器"中选择"HelloJava"并单击鼠标右键,在弹出的快捷菜单中选择"属性"命令,在弹出的"HelloJava 的属性"对话框中选择"资源",在右侧的"文本文件编码"中进行源文件编码格式的设置,如图 1.22 所示。

2.如何查看 Eclipse 中使用的 JDK 版本信息

当 JDK 安装完成且 Java 环境变量都配置完成后再进行 Eclipse 的安装,安装完成后在理论上不需要在 Eclipse 中再进行手动的 JDK 相关配置就可以直接使用了。如果要查看当前 Eclipse 中使用的 JDK 版本信息,可以通过"首选项"对话框中的"Java"->"已安装的 JRE"进行查看,如图 1.23 所示。

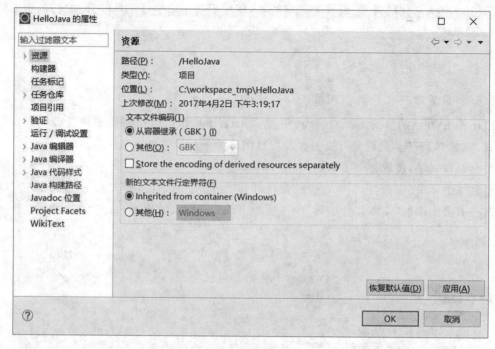

图 1.22　局部设置文本文件编码

图 1.23　查看 Eclipse 中使用的 JDK 版本信息

3.如何查看 Eclipse 所使用的 Java 编译级别

　　Eclipse 中对于 Java 源码的编译可以采取不同的编译级别,这个级别就是对应的 Java 版本,或者说就是 JDK 的版本。一般默认设置编译级别与系统中所安装的 JDK 版本一致即可。

此设置可以根据设置范围分为全局设置与局部设置。

1)全局设置法:设置整个工作区间

通过"首选项"对话框"Java"—>"编译器"中的"JDK 一致性"栏进行设置,如图 1.24 所示。

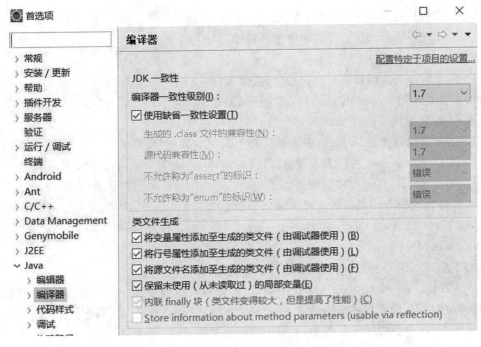

图 1.24 全局设置 Java 编译级别

2)局部设置法:设置工作区间中的单个项目

在左侧的"包资源管理器"中选择"HelloJava"并单击鼠标右键,在弹出的快捷菜单中选择"属性"命令,在弹出的"HelloJava 的属性"对话框中选择"Java 编译器",在"JDK 一致性"栏中进行设置,如图 1.25 所示。

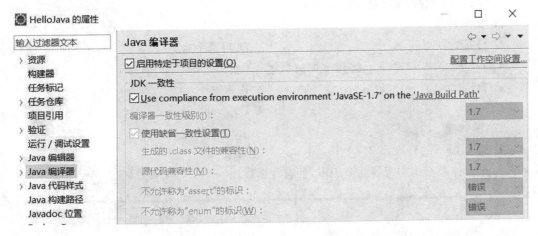

图 1.25 局部设置 Java 编译级别

习题1 □□□

一、选择题

1. 下面是一组有关 Java 程序的描述,其中错误的是_____。

A. Java 程序是依赖于 JVM 解释执行的

B. Java 程序的最大优点是它的跨平台特性

C. Java 程序的编译命令是 javac

D. Java 程序可以编译成可执行程序,直接运行

2. 下面是一组关于 JDK 的描述,其中正确的是_____。

A. JDK 只能用于运行 Java 程序

B. JDK 只能编译 Java 程序,但无法运行 Java 程序

C. JDK 是一个 Java 程序开发平台,既可以编译 Java 程序,也可以运行 Java 程序

D. JDK 是一个 Java 程序编辑器

3. Java 源文件和编译后的文件扩展名分别为_____。

A. . class 和. java   B. . java 和. class

C. . class 和. class   D. . java 和. java

4. 下面是一组关于 Eclipse 的描述,其中错误的是_____。

A. Eclipse 是一个优秀的 Java 程序编辑器,可直接对程序进行基本检查,如发现错误,将以波浪线标识,将光标移至错误处,系统将给出错误提示,并给出纠错建议

B. Eclipse 自身功能非常完善,无须任何环境支持

C. Eclipse 实际上是一个插件,它必须依赖 JDK 才能工作

D. Eclipse 是一个 Java 程序开发平台,可管理、编辑、编译、运行 Java 程序

5. 下列选项中,不是 Java 语言特点的是_____。

A. 可移植性   B. 面向对象

C. 单线程   D. 体系结构中立

6. 保证 Java 语言可移植性的特征是_____。

A. 面向对象   B. 安全性

C. 分布式计算   D. 可跨平台

7. 下列命令中,_____是 Java 的解释运行命令。

A. javadoc   B. javac

C. java   D. javah

二、简答题

1. 简述 Java 的特点。

2. Java 体系结构中有哪几个版本,各有什么作用?

知识目标

1. 了解 Java 语言各种数据类型及其表示方法。
2. 了解 Java 语言标识符、常量和变量的概念及其表示方法。
3. 掌握 Java 语言运算符和表达式的计算方法。
4. 掌握顺序结构程序设计的方法。

能力目标

1. 懂得学习 Java 语言的基本语法是掌握 Java 编程的基石。
2. 具有应用顺序结构解决实际问题的能力。

● ◎ ○

任务1　Java 的基本数据类型、标识符、常量与变量

【任务 2.1】一个班进行了一次 Java 考试,现要将几个学生的成绩输入计算机,并按要求输出。

【代码】

```java
import java.util.Scanner;
public class Demo1 {
    public static void main(String[] args) {
        int x,y,z;
        System.out.print("请输入三个学生的成绩:");
        Scanner input=new Scanner(System.in);
        x=input.nextInt();
        y=input.nextInt();
        z=input.nextInt();
        System.out.println("x="+x+",y="+y+",z="+z);
    }
}
```

【知识点】

一、Java 的基本数据类型

1.整型

Java 语言提供了四种整型变量,对应的关键字分别是 byte、short、int 和 long。如:0,－100,375 等都是整型常量。

①byte 型(字节型)数据在内存中占 1 个字节,存储数据范围为－128～127。

②short 型(短整型)数据在内存中占 2 个字节,存储数据范围为－32 768～32 767。

③int 型(整型)数据在内存中占 4 个字节,存储数据范围为$-2^{31}\sim2^{31}-1$。

④long 型(长整型)数据在内存中占 8 个字节,存储数据范围为$-2^{63}\sim2^{63}-1$。

2.实型

Java 语言的实型变量分为单精度浮点变量,用 float 关键字声明;另一种是双精度浮点变量,用 double 关键字声明。如:3.14、314.0、－0.314(十进制数形式)、3.14e2、3.14E2、314E2(科学计算法形式)等都是浮点型常量。

①float 型(单精度浮点型)数据在内存中占 4 个字节,存储数据范围为－3.4E38～3.4E38。

②double 型(双精度浮点型)数据在内存中占 8 个字节,存储数据范围为－1.7E308～1.7 E308。

3.字符型

Java 语言用 char 来定义字符变量。char 型(字符型)数据在内存中占 2 个字节。Java 的字符常量是用单引号引起来的一个字符。如:'a'、'x'、'd'、'?'等都是字符常量。

4.布尔型

Java 语言用关键字 boolean 来定义布尔变量。boolean 型(布尔型)数据的数据值只有 true 和 false 两种,不可以用 0 或非 0 的整数代替 true 或 false。

5.字符串型

一连串的字符组成一串,就构成了字符串。Java 的字符串常量必须用双引号引起来。如:"This is a book","123","我是一个教授计算机编程的老师"等都是字符串常量。一个字符串可以包含一个字符或多个字符,也可以不包含任何字符,即"空串"。

说明:

①字符串类型其实并非 Java 语言的基本数据类型,而应属于类类型(引用类型),即对象。类和对象的概念详见"单元 7"。Java 语言用 String 来定义字符串变量,例如:String a="我是一个教授计算机编程的老师";。我们在这里提前做介绍是因为字符串使用的特别频繁,有必要让各位读者提前了解一些字符串的相关知识。

②Java 中所有的基本数据类型都有固定的存储范围和所占内存空间的大小,而不受具体操作系统的影响,以保证 Java 程序的可移植性。整型数据默认为 int 数据类型,浮点型数据默认为 double 数据类型。如果要表示 long 型数据或 float 型数据,就要在相应的数值后面加上 l、L 或 f、F,所以定义一个长整型数据应写作"long a= 199999999999999999L;",定义一个 float 型数据应写作"float a=3.24f;",否则会出现编译错误。

说明

③整型和字符型是可以通用的。例如：

int x='a';　　　//正确,等价于 int x=97；

char y=97；　　//正确,等价于 char y='a'；

这是因为每个字符都对应着一个 ASCII 码值。例如：小写字母"a"的 ASCII 码值为 97,大写字母 "A"的 ASCII 码值为 65。想了解更多字符的 ASCII 码值,可查阅"常用字符 ASCII 码表"。

二、Java 语言的标识符与关键字

1.标识符

Java 语言对于标识符的定义有以下规定：

①标识符可以由字符、数字、下划线(_)和美元符号($)组合而成。

②标识符必须以字符、下划线或美元符开头。

③Java 语言对英文字母的大小写是敏感的。如 total 和 Total、System 和 system 分别代表不同的标识符,在定义和使用时要特别注意。

④尽量使标识符能在一定程度上反映它所表示的变量、常量、对象或类的意义。

如 sum、average、my_Var、_testclass、MyString、person1_2_3 都是合法的标识符,而 3day、Tree&Class、-IsTrue、J ohn 等都是非法的标识符。

2.关键字

所谓关键字就是 Java 语言中已经规定了特定意义的单词。不可以把这些单词用作常量名或变量名。

Java 语言中规定的关键字有：abstract、boolean、break、byte、case、catch、char、class、continue、default、do、double、else、extends、false、final、finally、float、for、if、implements、import、instanceof、int、interface、long、native、new、null、package、private、protected、public、return、short、static、super、switch、synchronized、this、throw、throws、transient、true、try、void、volatile、while。

三、常量和变量

在程序中,每一个数据都有一个名字,并且在内存中占据一定的存储单元。在程序运行过程中,数据值不能改变的量称为常量,其值可以改变的量称为变量。

在 Java 语言中,所有常量及变量在使用前必须先声明其值的数据类型,也就是要遵守"先声明后使用"的原则。

1.变量的声明

声明变量的格式为：

```
数据类型 变量名1,变量名2,…;
```

例如：

```
int a;
double x,y,z;
```

2.常量的声明

声明常量的格式为：

```
final 数据类型 常量名=常量值；
```

例如：

```
final double PI=3.14;  //声明圆周率常量
final int N=10;  //N的值在整个程序中不能发生改变
```

习惯上，符号常量名用大写，变量用小写，以示区别。使用符号常量的好处是，在需要改变一个常量时能做到"一改全改"。

3.变量的赋值

在程序中经常需要对变量赋值，在 Java 中用赋值号（＝）表示。所谓赋值，就是把赋值号右边的数据或运算结果赋给左边的变量。其一般格式为：

```
变量=表达式；
```

例如：

```
int x,y,z;
x=5;
y=8;
z=x+y;
```

4.变量的初始化

在定义变量时，同时给变量赋值称为变量的初始化。

例如：

```
double r=2.8;
String school="武汉城市职业学院";
int x=5,y=8,z;
```

四、转义字符

Java 语言提供了一些特殊的字符常量，这些特殊字符称为转义字符。转义字符就是以一个"\"开头的字符序列。例如'\n'，它代表一个换行符。这是一种"控制字符"，在屏幕上是不能显示的。在程序中也无法用一个一般形式的字符表示，只能采用特殊形式来表示。常用的转义字符如表 2.1 所示。

表 2.1　常用的转义字符

转 义 字 符	含 　义
\b	退格
\f	走纸换页
\n	换行
\r	回车
\t	横向跳格
\'	单引号
\"	双引号
\\	反斜杠

任务2 Java 的运算符和表达式

【任务 2.2】求圆柱体的体积。圆周率的值取 3.14。

【代码】

```java
import java.util.Scanner;
public class Demo2 {
    public static void main(String[] args) {
        final double PI=3.14;
        double r,h,v;
        System.out.print("请输入圆柱体的底面半径和高:");
        Scanner input=new Scanner(System.in);
        r=input.nextDouble();
        h=input.nextDouble();
        v=PI* r* r* h;
        System.out.println("圆柱体的体积为"+v);
    }
}
```

【任务 2.3】交换两个整数的值。

【代码】

```java
public class Demo3 {
    public static void main(String[] args) {
        int a=3,b=5,temp;
        System.out.println("交换前:a="+a+",b="+b);
        temp=a;
        a=b;
        b=temp
        System.out.println("交换后:a="+a+",b="+b);
    }
}
```

【任务 2.4】一个班进行了一次 Java 考试,现要将几个学生的成绩输入计算机,并计算他们的平均分及总分,然后按要求输出。

【代码】

```java
import java.util.Scanner;
public class Demo4 {
        public static void main(String[] args) {
        int x,y,z,sum;
        Sdouble average;
```

```
System.out.print("请输入三个学生的成绩:");
Scanner input=new Scanner(System.in);
x=input.nextInt();
y=input.nextInt();
z=input.nextInt();
sum=x+y+z;
average=sum/3.0;        //此行亦可写成 average=(double)sum/3;
System.out.println("总分是:"+sum+",平均分是:"+average);
    }
}
```

【知识点】

一、算术运算符

算术运算符主要用来进行算术运算。常用的算术运算符如表 2.2 所示。

表 2.2 常用的算术运算符

运 算 符	描 述	示 例	结 果
+	加	3+5	8
—	减	5-2	3
*	乘	5*4	20
/	除	10/3	3
%	取模(求余)	10%3	1
++	自增(前置,后置)	int i=10;i++;	i 的值为 11
——	自减(前置,后置)	int i=10;i——	i 的值为 9

说明:

(1)在 Java 中,整数除以整数结果为整数,例如:5/2 的结果为 2,而不是 2.5。

(2)++和——是初学者最不容易理解的两个运算符,如果++是前置,那么先对此变量加 1,再执行其他的操作;如果++是后置,则先执行其他的操作,再对此变量加 1。

例如:

```
int a=5,b;
b=++a;    //b 的值为 6,因为++前置,所以 a 是先自增 1 变为 6 后,再把值赋给 b 的
int a=5,b;
b=a++;    //b 的值为 5,因为++后置,所以是先把初值 5 赋给 b 后自己再加 1 的
```

二、关系运算符

关系运算符的作用是比较两边的运算数,结果总是布尔值。常用的关系运算符如表 2.3 所示。

表 2.3　常用的关系运算符

运　算　符	描　　述	示　　例	结　　果
>	大于	4>3	true
>=	大于等于	5>=2	true
<	小于	10<5	false
<=	小于等于	5<=10	true
==	等于	5==10	false
!=	不等于	5!=5	false

三、逻辑运算符

逻辑运算符用于对布尔类型结果的表达式进行运算,逻辑表达式的运算结果也总是布尔值。常用的逻辑运算符如表 2.4 所示。

表 2.4　常用的逻辑运算符

运　算　符	描　　述	示　　例	结　　果
&&	逻辑与	false&&true	false
||	逻辑或	false||true	true
!	逻辑非	! true	false

说明:

(1)逻辑与(&&)的运算口诀是"全真为真,见假为假"。

(2)逻辑或(||)的运算口诀是"全假为假,见真为真"。

(3)逻辑非(!)的运算口诀是"真变假,假变真"。

四、赋值运算符

赋值运算符的作用是将一个值赋给另一个变量,运算顺序从右往左。常用的赋值运算符如表 2.5 所示。

表 2.5　常用的赋值运算符

运　算　符	描　　述	示　　例	结　　果
=	赋值	a=3;	a 的值为 3
+=	加法赋值	a=3;a+=2;即 a=a+2;	a 的值为 5
-=	减法赋值	a=3;a-=2;即 a=a-2;	a 的值为 1
*=	乘法赋值	a=3;a*=2;即 a=a*2;	a 的值为 6
/=	除法赋值	a=10;a/=3;即 a=a/3;	a 的值为 3
%=	模赋值	a=10;a%=3;即 a=a%3;	a 的值为 1

说明:

+=、-=、*=、/=、%=属于复合赋值运算符,它们是赋值运算符和算术运算符的复合。

五、其他运算符

1. 字符串连接运算符"＋"

语句"String s＝"Ch"＋"ina";"的执行结果为"China"，"＋"除了可用于字符串的连接，还能将字符串与其他的数据类型连接，成为一个新的字符串。例如："String s＝ "China"＋123;"，结果为"China123"。

> **说明：**
> 让很多初学者困惑的问题是："＋"符号什么时候表示"加号"，什么时候表示"字符串连接运算符"。其实这个问题很简单，只需遵循一个原则：如果"＋"符号左、右两侧有任意一个是字符串，则"＋"符号此时表示的含义是"字符串连接运算符"；反之，如果"＋"符号左、右两侧没有任何一个是字符串，则"＋"符号此时表示的含义是"加号"。

例：

```
System.out.println("123"+"456");  // 123456  "+"符号此时表示的是字符串连接运算符
System.out.println(123+"456");   // 123456  "+"符号此时表示的是字符串连接运算符
System.out.println("123"+456);   // 123456  "+"符号此时表示的是字符串连接运算符
System.out.println(123+456);     // 579    "+"符号此时表示的是加号
```

2. 条件运算符(三目运算符)

条件运算符是 Java 语言中唯一的三目运算符。所谓的三目运算符就是能操作三个数的运算符。条件表达式的基本格式为：

表达式 1? 表达式 2:表达式 3

条件表达式的执行步骤是：首先执行表达式 1，判断表达式 1 的真假，如果表达式 1 为真，则整个条件表达式的值取表达式 2 的值；如果表达式 2 为假，则整个条件表达式的值取表达式 3 的值。例如：

```
int score=80;
String result=score>=60?"及格":"不及格";
```

3. 强制类型转换运算符

可以利用强制类型转换运算符将一个表达式转换成所需类型，一般形式为：

(类型名)(表达式)

如：

```
(double)a       //将 a 转换成 double 类型
(int)(x+y)      //将 x+y 的值转换成整型
(float)(5%3)    //将 5%3 的值转换成 float 类型
```

> **注意：**
> 表达式应该用括号括起来。如果写成(int)x＋y，则只将 x 转换成整型，然后与 y 相加。

例：

```
double a=3.8,average,notaverage;
int b,sum=175;
b=(int)a;
average=(double)sum/2;
```

```
notaverage= (double)(sum/2);
System.out.println(b);                //b 的值为 3
System.out.println(average);          // average 的值为 87.5
System.out.println(notaverage);       // notaverage 的值为 87.0
```

六、表达式

1. 表达式简介

表达式是符合一定语法规则的运算符和操作数的序列,例如:199(常量)、x(变量)、(a+b) * c/10％2! ＝0(式子)。

2. 表达式的类型和值

对表达式中的操作数进行运算得到的结果称为表达式的值。表达式值的数据类型即表达式的类型,一般多个类型的数据运算,最后结果的数据类型以最大数的数据类型为准。

例如,若有:

```
int a=5;double b=8.8;float c=4.3f;
```

那么 a * b+c 的最后结果的数据类型就为 double 类型。

3. 表达式的运算顺序

表达式的运算顺序应按照运算符的优先级从高到低地进行。优先级相同的运算符按照事先约定的结合方向进行,例如乘和除的优先级是相同的,那么谁在前面先算谁,因为算术运算符的结合性是从左到右的(＋＋和－－除外,自增、自减和赋值运算符的结合性是从右到左的)。这里需要特别提醒的是,如果记不清楚优先级,可以通过添加"()"来提高优先级,这样会给编程带来极大的方便。

【课堂训练】

1. 假设 n 是一个三位数,分别输出 n 各位上的数字。
2. 求圆的周长和面积。圆周率的值取 3.14。

任务3　顺序结构程序设计

【任务 2.5】模拟生活中的取钱。一般按如下 6 个操作顺序完成。这 6 个操作分别是:(1)带上存折或银行卡去银行;(2)取号排队;(3)将存折或银行卡递给银行职员并告知取款数目;(4)输入密码;(5)银行职员办理取款事宜;(6)拿到钱并离开银行。

【代码】

```java
public class Demo5 {
    public static void main(String[] args) {
        System.out.println("第 1 步:带上存折或银行卡去银行");
        System.out.println("第 2 步:取号排队");
        System.out.println("第 3 步:将存折或银行卡递给银行职员并告知取款数目");
        System.out.println("第 4 步:输入密码");
        System.out.println("第 5 步:银行职员办理取款事宜");
        System.out.println("第 6 步:拿到钱并离开银行");
    }
}
```

【知识点】

一、流程控制的三种基本结构

任何一门编程语言都离不开流程控制。在 Java 语言中,流程控制一般采用顺序结构、选择结构和循环结构三种基本结构。本节将主要介绍顺序结构,选择结构和循环结构将在"单元3"和"单元4"中做介绍。

二、顺序结构

顺序结构就是按照程序语句的先后顺序,一条一条地依次执行。例如"任务 2.5"中的代码就是根据一定的顺序,从 main 方法的"{"(左花括号)开始到"}"(右花括号)结束,一行一行地发送命令给计算机完成取钱的任务。

【课堂训练】

模拟完成自我介绍的过程。一般自我介绍的顺序是:

(1)介绍自己的姓名。

(2)介绍自己的年龄。

(3)介绍自己的籍贯、性格、爱好等。

(4)介绍自己的现状,如自己目前就读的学校或工作的单位。

(5)介绍自己未来几年的人生规划。

(6)完成自我介绍,向大家致谢。

【拓展知识】

使用键盘输入字符到程序的功能

JDK 1.5 以后引入了 Scanner 这个类,它的方法能接受控制台上输入的字符,将其转换为相应数据类型的数据,并存储到指定的变量中。要从键盘输入信息并保存,需要如下几步:

(1)在程序开头输入"import java. util. Scanner;",表示导入键盘输入功能。该功能系统已经写好了,只需要拿到程序中使用就可以了。

(2)在程序执行体中输入"Scanner input = new Scanner(System. in);"表示输入功能初始化。

(3)如果要接收一个整型的数据,就要定义一个整型变量来接收,例如"int num1 = input. nextInt();"。如果要定义其他类型的变量,则"=input. next×××();",其中的×××也要改成相应的类型,如"double num2 = input. nextDouble();"等,但是要注意字符串类型这样写即可:"String num3 = input. next();"。

习题2 □□□

一、选择题

1.以下正确的变量名是_____。

A. 3_a   B. if   C. a_3   D. a≠3

2.下列正确的赋值语句是_____。

A. c=++3;   B. c+=2;   C. 100=x;   D. c=ab;

3.下列数据中,属于字符串常量的是_____。

A. "ABC"   B. 'ABC'

C. ABC   D. 以上说法都不对

4. 设 a 的值为 5，执行下列语句后，b 的语句不为 2 的是_____。

A. b＝a/2   B. b＝6－（－a）

C. b＝a％2   D. b＝a－3

5. 以下关于变量的初始化，正确的是_____。

A. int a＝b＝c＝d＝1；   B. float a＝2.15；

C. boolean a＝true；   D. char a＝x；

6. 以下_____表达式的值不是 true。

A. 5＞4   B. 5＞3||4＜2

C. ！（5＜4）   D. 5＞3&&4＜2

7. 在下列运算符中，优先级最高的是_____。

A. &&   B. ％   C. ＝   D. ＞＝

8. 有以下程序段：

```
int x='b';
char y=98;
System.out.println("x="+x+",y="+y);
```

已知字符 b 的 ASCII 的值为 98，则执行上述程序段后输出的结果是_____。

A. 程序编译无法通过   B. x＝b,y＝98

C. x＝98,y＝b   D. 以上说法都不对

9. 以下说法正确的是_____。

A. 在 Java 语言中，APH 和 aph 是两个相同的变量

B. 在 Java 语言中，所有运算符的结合性都是从左往右的

C. 假设变量 i 的初值为 5，则执行＋＋i 或 i＋＋操作后，i 的值都会变成 6

D. "＋" 运算符只表示一种含义，即加号

10. _____不是结构化程序设计中的三种基础结构之一。

A. 顺序结构   B. 选择结构   C. 循环结构   D. 数据结构

二、填空题

1. 为表示关系 x＞＝y＞＝z，应使用 Java 语言表达式_____。

2. 表达式 123＋"1"的值是_____，表达式 123＋1 的值是_____，表达式 5/2 的值是_____，表达式 5/2.0 的值是_____。

3. 已知字符 e 的 ASCII 码值为 101，则表达式 10＋'e'的值是_____。

4. 当 a＝9.8，b＝1.5，表达式（int）a＋b 的值是_____，表达式（int）（a＋b）的值是_____。

5. 设有如下程序片段："final int N＝40；N＋＋；"，则上述程序片段是_____的。（请填"正确"或"错误"）

三、编程题

1.求三角形的面积。

2.输入一个数值,对该数值进行分钟的转换。例如:当输入的分钟数是 730 时,对应的输出结果为"12 小时 10 分钟"。

3.要将"china"译成密码,密码规律是:用原来的字母后面第 4 个字母代替原来的字母。例如:字母"a"后面第 4 个字母是"e",用"e"代替"a"。因此,"china"应译为"glmre"。请编写一段程序,用赋初值的方法使 c1、c2、c3、c4、c5 五个变量的值分别为'c'、'h'、'i'、'n'、'a',经过运算,使 c1、c2、c3、c4、c5 分别变为'g'、'l'、'm'、'r'、'e',并输出。

单元 3 选择结构程序设计

知识目标

1. 掌握 if、if…else、if…else if 以及 if 语句的嵌套。
2. 掌握 switch 语句的用法。

能力目标

能够运用 if 选择结构和 switch 分支结构对现实生活中的各种条件问题进行灵活处理。

●◎○
任务 1 简单 if 语句

【任务 3.1】输入任意两个整数,找出其中的较大数。

【程序分析】

在本程序中,输入两个数 a,b。把 a 先赋予变量 max,再用 if 语句判别 max 和 b 的大小,如 max 小于 b,则把 b 赋予 max。因此,max 中总是大数,最后输出 max 的值。

【代码】

```java
import java.util.Scanner;
public class FindMax {
    public static void main(String[] args) {
        int a, b, max;
        Scanner sc=new Scanner(System.in);
        a=sc.nextInt();
        b=sc.nextInt();
        max=a;
        if (max<b)
            max=b;
        System.out.println("max="+max);
    }
}
```

【任务 3.2】输入四个整数,按从小到大的顺序输出。

【代码】

```java
import java.util.Scanner;
public class MaxOfFourInt {
    public static void main(String[] args) {
        int a, b, c, d, t;
        Scanner sc=new Scanner(System.in);
        a=sc.nextInt();
        b=sc.nextInt();
        c=sc.nextInt();
        d=sc.nextInt();
        if (a>b) {
            t=a;
            a=b;
            b=t;
        }
        if (a>c) {
            t=a;
            a=c;
            c=t;
        }
        if (a>d) {
            t=a;
            a=d;
            d=t;
        }
        if (b>c) {
            t=b;
            b=c;
            c=t;
        }
        if (b>d) {
            t=b;
            b=d;
            d=t;
        }
        if (c>d) {
            t=c;
            c=d;
            d=t;
        }
        System.out.println("输入的四个整数从小到大的顺序是:"+a+"\t"+b+
"\t"+c+"\t"+d);
    }
}
```

【知识点】

Java 程序通过控制语句来执行程序流,完成一定的任务。程序流是由若干个语句组成的,语句可以是单一的一条语句,也可以是用花括号{}括起来的一个复合语句。Java 语言使用"顺序结构""选择结构""循环结构"这三种基本结构(或由它们派生出来的结构)来实现程序的流程控制。选择结构提供了一种控制机制,使得程序的执行可以跳过某些语句不执行,转去执行特定的语句。

用 if 语句可以构成选择结构,它根据给定的条件进行判断,以决定执行某个分支程序段。if 语句有三种基本形式:if、if…else 和 if…else if。

第一种基本形式为:if。

```
if(表达式)
    语句
```

其功能是:若表达式的值为"真",则执行语句;否则,执行下一条语句。其过程可表示为图3.1 所示。

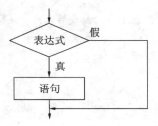

图 3.1　if 语句的执行过程

【课堂训练】

从键盘读入两个数,比较其大小,把大数置于 x,小数置于 y,请设计该程序。

● ◎ ○

任务 2　if…else 语句

【任务 3.3】输入任意两个整数,找出其中的较大数。改用 if…else 语句判别 a,b 的大小,若 a 大,则输出 a,否则输出 b。

【代码】

```java
import java.util.Scanner;
public class CopyOfFindMax {
    public static void main(String[] args) {
        int a, b, max;
        Scanner sc=new Scanner(System.in);
        a=sc.nextInt();
        b=sc.nextInt();
        if (a>b)
            max=a;
        else
```

```
            max=b;
        System.out.println("max="+max);
    }
}
```

【任务 3.4】从键盘输入一个正整数,判断是奇数还是偶数。

【代码】

```
import java.util.Scanner;
public class Test {
    public static void main(String[] args) {
        int x;                   //定义整型变量 x
        Scanner sc= new Scanner(System.in);
        System.out.println("请输入一个正整数:");
        x= sc.nextInt();
        if(x%2==0){              //如果余数为 0,则是偶数
            System.out.println(x+"是偶数");
        }else{                   //如果余数不为 0,则是奇数
            System.out.println(x+"是奇数");
        }
    }
}
```

【知识点】

第二种选择结构 if…else 语句的基本形式是:

```
if(表达式)
    语句 1;
else
    语句 2;
```

功能:若表达式的值为"真",则执行语句 1;否则,执行语句 2。其执行过程如图 3.2 所示。

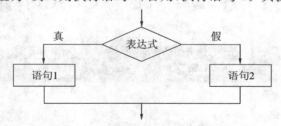

图 3.2 **if…else 语句的执行过程**

注意:

(1)表达式部分用来描述判断的条件,语法上必须是 boolean 类型的表达式,结果为"false",则表示"假";结果为"true",则表示"真"。

(2)语句 1 和语句 2 都只能是一条语句。

(3)为了养成良好的编程习惯,一般采用缩进对齐的格式书写。

【课堂训练】

假设邮局规定：寄邮件时若每件重量在 1 千克以内（含 1 千克），按每千克 1.5 元计算邮费；如果超过 1 千克，其超出部分每千克加收 0.8 元。请编程计算邮件收费。

任务3 if…else if 语句

【任务 3.5】从键盘输入三个整数，输出最大数。

【程序分析】在变量定义时定义四个变量 a,b,c 和 max。a,b,c 是任意输入的三个数，max 用来存放最大的数。使用多路选择语句来实现：若 a 最大即"a＞=b&&a＞=c"，则把 a 的值赋给 max；若 b 最大即"b＞=a&&b＞=c"，则把 b 的值赋给 max；若前两个条件都不成立，则 c 的值最大，把 c 的值赋给 max。max 即为 a,b,c 中的最大值。

【代码】

```java
import java.util.Scanner;
public class MaxOfThreeInt {
    public static void main(String[] args) {
        int a,b,c,max;
        Scanner sc=new Scanner(System.in);
        a=sc.nextInt();
        b=sc.nextInt();
        c=sc.nextInt();
        if (a>=b&&a>=c)          max=a;
        else if(b>=a&&b>=c)  max=b;
            else   max=c;
        System.out.println("三个整数中的最大值 max="+max);
    }
}
```

【任务 3.6】判别键盘输入字符的类别。

【程序分析】根据输入字符的 ASCII 码来判别类型。由 ASCII 码表可知，ASCII 值小于 32 的为控制字符。在"0"和"9"之间的为数字，在"A"和"Z"之间的为大写字母，在"a"和"z"之间的为小写字母，其余则为其他字符。这是一个多分支选择的问题，用 if…else if 语句编程，判断输入字符 ASCII 码所在的范围，分别给出不同的输出。例如输入为"g"，输出显示它为小写字符。

【代码】

```java
import java.io.IOException;
public class CharType {
    public static void main(String[] args) {
        char c;
        System.out.println("input a character:    ");
        try {
```

```
            c= (char)System.in.read();
            if(c<32)
                System.out.println("This is a control character");
            else if(c>='0'&&c<='9')
                System.out.println("This is a digit");
            else if(c>='A'&&c<='Z')
                System.out.println("This is a capital letter");
            else if(c>='a'&&c<='z')
                System.out.println("This is a small letter");
            else
                System.out.println("This is an other character");
        } catch (IOException e) {
            e.printStackTrace();
        }
    }
}
```

【任务 3.7】判别星期几。

【代码】

```
import java.util.Scanner;
public class IfManyDemo {
    public static void main(String[] args) {
        int today;
        Scanner sc=new Scanner(System.in);
        System.out.println("请输入 1-7 之间的数字");
        today=sc.nextInt();
        if (today==1)
            System.out.println("Today is Monday");
        else if (today==2)
            System.out.println("Today is Tuesday");
        else if (today==3)
            System.out.println("Today is Wednesday");
        else if (today==4)
            System.out.println("Today is Thursday");
        else if (today==5)
            System.out.println("Today is Friday");
        else if (today==6)
            System.out.println("Today is Saturday");
        else if (today==7)
            System.out.println("Today is Sunday");
        else {
            System.out.println("您的输入有误,请重新运行程序");
        }
    }
}
```

【知识点】

前两种形式的 if 语句一般都用于两个分支的情况。当有多个分支选择时,可采用 if…else if 语句,其一般形式为:

```
        if(表达式 1)
            语句 1;
        else  if(表达式 2)
                语句 2;
            else  if(表达式 3)
                语句 3;
                …
                else  if(表达式 n)
                    语句 n;
```

其语义是:依次判断表达式的值,当出现某个值为真时,则执行其对应的语句,然后跳到整个 if 语句之外继续执行程序;如果所有的表达式均为假,则执行语句 n,然后继续执行后续程序。if…else if 语句的执行过程如图 3-3 所示。

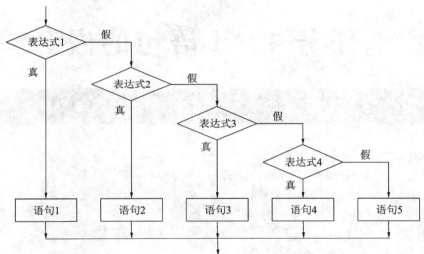

图 3.3   if…else if 语句的执行过程

在使用 if 语句中还应注意以下问题:

(1)在三种形式的 if 语句中,在 if 关键字之后均为 boolean 类型表达式。该表达式通常是逻辑表达式或关系表达式,但也可以是其他表达式,如一个 boolean 类型的变量。

```
        boolean c=true;
        if(c) 语句;
```

或者

```
        if(5>6) 语句;
```

都是允许的。只要表达式的值为"真",就可执行语句。

(2)在 if 语句中,条件判断表达式必须用括号括起来,在语句之后必须加分号。

(3)在 if 语句的三种形式中,所有的语句应为单个语句,如果要想在满足条件时执行一组(多个)语句,则必须把这一组语句用{}括起来组成一个复合语句。但要注意的是,在}之后不能再加分号。

例如：

```
if(a>b){
    a++;
    b++;
}
else{
    a=0;
    b=10;
}
```

【课堂训练】

某服装公司为了推销产品，采取这样的批发销售方案：凡订购超过 100 套的，每套定价为 50 元；凡订购超过 50 套不足 100 套的，每套定价为 65 元；否则每套价格为 80 元。编程：由键盘输入订购套数，输出应付款的金额数。

●◎○ 任务4　if 语句的嵌套

【任务 3.8】活动计划的安排如下：如果今天是周末，同时天气晴朗，则进行户外运动，否则去室内游乐场玩。如果今天不是周末，则在学校上课。

【代码】

```
public class IfSunny {
    public static void main(String[] args) {
        String  today="周末";
        String weather="晴朗";
        //equals 用于判断两字符串的内容是否相同,相同为 true,反之为 false
        if(today.equals("周末")){
            if(weather.equals("晴朗")){
            System.out.println("进行户外运动");
            }
            else{
            System.out.println("去室内游乐场玩");
            }
        }
        else{
            System.out.println("在学校上课");
        }
    }
}
```

【任务3.9】输入三角形的三边,判断能否构成三角形,若能构成三角形,则输出三角形的类型(等边、等腰、直角、普通三角形)。

【代码】

```java
import java.util.Scanner;
public class Triangle {
    public static void main(String[] args) {
        int a,b,c;
        Scanner sc=new Scanner(System.in);
        System.out.println("请输入三角形的三边:");
        a=sc.nextInt();
        b=sc.nextInt();
        c=sc.nextInt();
        if(a+b>c&&a+c>b&&b+c>a){
        if(a==b&&a==c) System.out.println("该三角形为等边三角形\n");
        else if(a==b&&a!=c||a==c&&a!=b||b==c&&b!=a)
            System.out.println("该三角形为等腰三角形\n");
        else if(a*a+b*b==c*c||a*a+c*c==b*b||b*b+c*c==a*a)
            System.out.println("该三角形为直角三角形\n");
        else System.out.println("该三角形为普通三角形\n");
        }
        else System.out.println("输入的三边无法构成三角形\n");
    }
}
```

【知识点】

if语句中的执行语句又是if语句,则构成了if语句嵌套的情形。

其一般形式可表示如下:

```
if(表达式)
    if语句;
```

或者

```
if(表达式)
    if语句;
else
    if语句;
```

在嵌套内的if语句可能又是if…else型的,这将会出现多个if和多个else重叠的情况,这时要特别注意if和else的配对问题。

例如:

```
if(表达式1)
if(表达式2)
    语句1;
else
    语句2;
```

其中的else究竟与哪一个if配对呢?

应该理解为:

```
if(表达式 1)
    if(表达式 2)
        语句 1;
    else
        语句 2;
```

还是应理解为:

```
if(表达式 1)
    if(表达式 2)
        语句 1;
else
    语句 2;
```

为了避免这种二义性,Java 语言规定,else 总是与它前面最近的未配对的 if 配对,因此对上述例子应按前一种情况理解。

【课堂训练】

从键盘输入一个不多于 5 位的正整数,要求:①求出它是几位数;②分别打印出各位数字;③按逆序打印出各位数字,例如原数是 321,应输出 123。

任务5　更多的分支选择——switch 语句

【任务 3.10】输入一个学生的百分制成绩,输出相应的五分制等级成绩。

【代码】

```java
import java.util.Scanner;
public class Grade {
    public static void main(String[] args) {
        int x;
        char g;
        System.out.println("请输入一个百分制的成绩:");
        Scanner sc=new Scanner(System.in);
        x=sc.nextInt();
        switch(x/10)
        {
        case 10:
        case 9:g='A';break;
        case 8:g='B';break;
        case 7:g='C';break;
        case 6:g='D';break;
        default:g='E';
        }
        System.out.println(x+"分"+"对应的五分制等级成绩为:"+g);
    }
}
```

【任务 3.11】已知 a＝12,b＝4,要求输入一个算术运算符(＋、－、＊ 或/),对 a,b 进行算术运算,并输出计算结果。

【程序分析】

(1)定义变量 a,b,用于存放 12 和 4;定义字符型变量 ch 用来接收输入的运算符;

(2)输入运算符;

(3)对输入的运算符进行判断,选择分支执行;

(4)输出运算结果。

【代码】

```java
import java.io.IOException;
public class Calculate {
    public static void main(String[] args) {
        int a=12, b=4, c=0;
        char ch;
        System.out.println("input expression: +,-,*,/:");
        try {
            ch= (char) System.in.read();
            switch (ch) {
            case '+':
                c=a+b;
                break;
            case '-':
                c=a-b;
                break;
            case '*':
                c=a*b;
                break;
            case '/':
                c=a/b;
                break;
            default:
                System.out.println("input error\n");
            }
            System.out.println(a+""+ch+""+b+"="+c);
        } catch (IOException e) {
            e.printStackTrace();
        }
    }
}
```

【知识点】

Java 语言还提供了另一种用于多分支选择的 switch 语句,其一般形式为:

```
switch(表达式)
{ case 常量表达式 1:  语句组 1;
```

```
case 常量表达式 2:   语句组 2;
case 常量表达式 3:   语句组 3;
...
case 常量表达式 n:   语句组 n;
[default:语句组 n+1;]
}
```

其语义是:计算表达式的值,并逐个与其后的常量表达式值相比较,当表达式的值与某个常量表达式的值相等时,就执行其后的语句,然后不再进行判断,继续执行后面所有 case 后的语句;如果表达式的值与所有 case 后的常量表达式均不相等时,则执行 default 后的语句。在 switch 语句中,"case 常量表达式"只相当于一个语句标号,表达式的值和某标号相等则转向该标号执行,但不能在执行完该标号的语句后自动跳出整个 switch 语句,程序会继续执行所有后面 case 语句的情况。这是与前面介绍的 if 语句完全不同的,应特别注意。为了避免上述情况,Java 语言还提供了 break 语句,专用于跳出 switch 语句,break 语句只有关键字 break,没有参数,在后面还将详细介绍。

使用 switch 语句,应注意以下几个问题:

(1)default 子句可以省略不用。

(2)switch 后面圆括号内的表达式一般是整数表达式或字符表达式。

(3)switch 语句中的 case 和 default 出现的次序是任意的。

(4)在 case 后的各常量表达式的值不能相等,否则会出现错误。

(5)在 case 后,允许有多个语句,可以不用{}括起来。

(6)switch 语句中在执行完某个 case 后面的语句组后,将自动转到该语句后面的语句组去执行,直至遇到 switch 语句的右括号或 break 语句为止。

(7)switch 结构允许嵌套。

【课堂训练】

对一批货物征收税金。价格在 1 万元以上的货物征税 5%,在 5000 元以上、1 万元以下的货物征税 3%,在 1000 元以上、5000 元以下的货物征税 2%,1000 元以下的货物免税。请编写程序:读入货物价格,计算并输出税金。

• ◎ ○

任务6 综合练习

【任务 3.12】 编制某运输公司计算运费的程序,请用 if…else 条件语句和 switch 分支语句分别实现。设:s 是距离,单位为千米;w 是重量,单位是吨;p 是每吨每千米货物的基本运费,即运输单价;d 是优惠金额的百分比;f 是总运费。则该运输公司的收费标准为:s<250 km 时,没有优惠;250 km≤s<500 km,优惠 2%;500 km≤s<1000 km,优惠 5%;1000 km≤s<2000 km,优惠 8%;2000 km≤s<3000 km,优惠 10%;3000 km≤s,优惠 15%。

【程序分析】

从技术角度,该程序涉及常量和变量的定义和使用、变量间的算术运算、数据类型转换(包括字符串与基本数据类型的转换)、基本的输入输出操作、if…else 条件语句和 switch 分支语句的应用。其操作步骤如下:

(1)打开 Eclipse,在自定义的项目中创建包 com. iftask,再确定类名 ComputePriceIf 和 ComputePriceSwitch,得到类的框架。

```
package com.iftask;
public class ComputePriceIf {}
public class ComputePriceSwitch{}
```

(2)定义所需要的变量。

(3)接收从键盘输入的数据,并将其转换成基本数据类型。

(4)根据输入数据的值和该运输公司的收费标准,分别用 if…else 条件语句和 switch 分支语句计算运费。

①根据该运输公司的收费标准,可得到总运费 f 的计算公式:$f = p \times w \times s \times (1-d)$。

②根据该运输公司的收费标准,可以看到,优惠的"变化点"都是 250 的倍数,若令 $c = s/250$,则:

当 $c < 1$ 时,表示 $s < 250$ km,没有优惠;

$1 \leqslant c < 2$ 时,表示 250 km$\leqslant s < 500$ km,优惠金额的百分比 $d = 2\%$;

$2 \leqslant c < 4$ 时,表示 500 km$\leqslant s < 1000$ km,优惠金额的百分比 $d = 5\%$;

$4 \leqslant c < 8$ 时,表示 1000 km$\leqslant s < 2000$ km,优惠金额的百分比 $d = 8\%$;

$8 \leqslant c < 12$ 时,表示 2000 km$\leqslant s < 3000$ km,优惠金额的百分比 $d = 10\%$;

$c \geqslant 12$ 时,表示 $s \geqslant 3000$ km,优惠金额的百分比 $d = 15\%$。

(5)输出运费。

【代码】

使用 if…else 条件语句实现的代码如下:

```
package com.iftask;
import java.util.Scanner;
public class ComputePriceIf {
    public static void main(String[] args){
        int c,s=0;
        double p=0,w=0,d,f;
        Scanner sc=new Scanner(System.in);
        System.out.println("请输入运输公司的运输单价:");
        p=sc.nextDouble();
        System.out.println("请输入要运输的货物的重量:");
        w=sc.nextDouble();
        System.out.println("请输入运输的距离:");
        s=sc.nextInt();
        if(s>=3000) c=12;
        else c=s/250;
        if(c<1) d=0;
        else if(c<2)d=0.02;
            else if(c<4)d=0.05;
```

```
                    else if(c<8)d=0.08;
                        else if(c<12)d=0.1;
                            else      d=0.15;
            f=p*w*s*(1-d);
            System.out.println("运输公司的运输单价为"+p);
            System.out.println("该次运输的货物重量为"+w);
            System.out.println("该次运输的运输距离为"+s);
            System.out.println("该次运输的总运费为"+f);
        }
    }
```

使用 switch 分支语句实现的代码如下：

```
package com.iftask;
import java.util.Scanner;
public class ComputePriceSwitch {
    public static void main(String[] args){
        int c,s=0;
        double p=0,w=0,d,f;
        Scanner sc=new Scanner(System.in);
        System.out.println("请输入运输公司的运输单价:");
        p=sc.nextDouble();
        System.out.println("请输入要运输的货物的重量:");
        w=sc.nextDouble();
        System.out.println("请输入运输的距离:");
        s=sc.nextInt();
        if(s>=3000) c=12;
        else c=s/250;
        switch(c){
            case 0:d=0;break;
            case 1:d=0.02;break;
            case 2:
            case 3:d=0.05;break;
            case 4:
            case 5:
            case 6:
            case 7:d=0.08;break;
            case 8:
            case 9:
            case 10:
            case 11:d=0.1;break;
            case 12:d=0.15;break;
            default: d=0.15;break;
        }
        f=p*w*s*(1-d);
```

```
        System.out.println("运输公司的运输单价为"+p);
        System.out.println("该次运输的货物重量为"+w);
        System.out.println("该次运输的运输距离为"+s);
        System.out.println("该次运输的总运费为"+f);
    }
}
```

习题3 □□□

一、选择题

1. Java 逻辑运算符两侧运算对象的数据类型_____。

A. 只能是 true 或 false   B. 只能是 0 或非 0 正数

C. 只能是整型或字符型数据   D. 可以是任何类型的数据

2. 下列表达式中，_____不满足"当 x 的值为偶数时值为真,为奇数时值为假"的要求。

A. x%2=0   B. x%2! =1

C. (x/2 * 2−x)=0   D. ! (x%2)

3. 能正确表示"当 x 的取值在[1,10]和[200,210]范围内为真,否则为假"的表达式是_____。

A. (x>=1) && (x<=10) && (x>=200) && (x<=210)

B. (x>=1) || (x<=10) || (x>=200) || (x<=210)

C. (x>=1) && (x<=10) || (x>=200) && (x<=210)

D. (x>=1) || (x<=10) && (x>=200) || (x<=210)

4. Java 语言对嵌套 if 语句的规定是:else 总是与_____。

A. 其之前最近的 if 配对   B. 第一个 if 配对

C. 缩进位置相同的 if 配对   D. 其之前最近的且尚未配对的 if 配对

5. 设"int a=1,b=2,c=3,d=4;boolean m=true,n=true;",执行(m==a>b) && (n==c++>d);后 c 的值为_____。

A. 1   B. 2   C. 3   D. 4

6. 下面_____是错误的 if 语句(设 int x,a,b;)

A. if (a==b) x++;   B. if (a=<b) x++;

C. if (a−b) x++;   D. if (x! =0) x++;

7. 以下程序片段_____。

```
public static void main(String[] args) {
    int x=0,y=0,z=0;
    if (x=y+z)
        System.out.println ("***");
    else
        System.out.println ("###");
}
```

A. 有语法错误，不能通过编译

B. 输出：* * *

C. 可以编译，但不能通过连接，所以不能运行

D. 输出：# # #

8. 对下述程序，_____是正确的判断。

```
public static void main(String[] args)
{ int x,y;
Scanner sc =new Scanner(System.in);
x=sc.nextInt();
y=sc.nextInt();
if (x>y)
    x=y;   y=x;
else
    x++;   y++;
System.out.println (x+"  "+y);
}
```

A. 有语法错误，不能通过编译　　　　　B. 若输入 3 和 4，则输出 4 和 5

C. 若输入 4 和 3，则输出 3 和 4　　　　D. 若输入 4 和 3，则输出 4 和 5

9. 下述表达式中，_____可以正确表示 x≤0 或 x≥1 的关系。

A. (x>=1) || (x<=0)　　　　　　　B. x>=1 | x<=0

C. x>=1 && x<=0　　　　　　　　D. (x>=1) && (x<=0)

10. 下述程序的输出结果是_____。

```
public static void main(String[] args)
{ int a=0,b=0,c=0;
    if (++a>0||++b>0)
    ++c;
    System.out.println (a+""+b+""+c);
}
```

A. 0,0,0　　　　　　B. 1,1,1　　　　　　C. 1,0,1　　　　　　D. 0,1,1

11. 下述程序的输出结果是_____。

```
public static void main(String[] args)
{ int x=-1,y=4,k;
    boolean b;
    b= (k=x++)<=0&&!(y--<=0);
    System.out.println (k+","+x+" ,"+y);
}
```

A. 0,0,3　　　　　　　　　　　　　　B. 0,1,2

C. -1,0,3　　　　　　　　　　　　　　D. 1,1,2

12. 当 a=1,b=3,c=5,d=4 时，执行完下面一段程序后 x 的值是_____。

```
if (a<b)
if (c<d) x=1;
else
if (a<c)
        if (b<d) x=2;
        else x=3;
        else x=6;
else x=7;
```

A. 1   B. 2   C. 3   D. 4

13. 在下面的条件语句中(其中 S1 和 S2 表示 Java 语言语句),只有一个在功能上与其他三个语句不等价,它是_____。

A. if (a) S1;else S2;   B. if (a==0) S2;if(a!=0) S1;

C. if (a!=0) S1;else S2;   D. if (a==0) S2;else S1;

14. 若"int i=10;",执行下列程序后,变量 i 的正确结果是_____。

```
switch (i) {
    case 9: i+=1;
    case 10: i+=1;
    case 11: i+=1;
    default : i+=1;
}
```

A. 10   B. 11   C. 12   D. 13

15. 若有定义:int a=3,b=2,c=1;并有表达式:①a%b,②a>b>c,③b&&c+1,④c+=1,则有语法错误的表达式是_____。

A. ①和②   B. ②和③   C. ①和③   D. ③和④

二、填空题

1. 设 a=3,b=4,c=5,写出下面各逻辑表达式的值。

表达式   表达式运算后的值

a+b>c && b==c   _____

!(a>b) && !(c>1)   _____

2. 将条件"y 能被 4 整除但不能被 100 整除,或 y 能被 400 整除"写成逻辑表达式_____
_____。

3. 设 x,y,z 均为 int 型变量;写出描述"x,y 和 z 中有两个为负数"的 Java 语言表达式:
_____。

4. 已知 a=7,b=2,c=3,表达式 a>b && c>a || a<b && !c>b 的值是_____。

5. 若有 x=1,y=2,z=3,则表达式(x<y?x:y)==z++的值是_____。

三、判断题

1. if 语句中的表达式不限于逻辑表达式,可以是任意的数值类型。(   )

2. switch 语句可以用 if 语句完全代替。(   )

3. switch 语句的 case 表达式必须是常量表达式。（　　）

4. if 语句、switch 语句可以嵌套，而且嵌套的层数没有限制。（　　）

5. 条件表达式可以取代 if 语句，或者用 if 语句取代条件表达式。（　　）

6. switch 语句的各个 case 和 default 的出现次序不影响执行结果。（　　）

7. 多个 case 可以执行相同的程序段。（　　）

8. switch 语句的 case 分支可以使用{ }复合语句及多个语句序列。（　　）

四. 程序改错题

下面程序输入两个运算数 x,y 和一个运算符号 op,然后输出该运算结果的值,例如输入 3,输入＋,输入 5,得到结果 8;请判断下面程序的正误,如果错误请改正过来。

```java
import java.util.Scanner;
public class test {
    public static void main(String[] args) {
        int x, y, r=0;
        char op;
        Scanner sc=new Scanner(System.in);
        x=sc.nextInt();
        try {
            op= (char) System.in.read();
            y=sc.nextInt();
            switch (op) {
            case '+':r=x+y;
            case '-':r=x+y;
            case '*':r =x+y;
            case '/':r =x+y;
            }
            System.out.println("结果是:"+r);
        } catch (IOException e) {
            e.printStackTrace();
        }
    }
}
```

五、编程题

1. 两个正整数 a,b,输出较大数的平方值。

2. 某市的士费起步价 8 元,可以行使 3 千米。3 千米以后,按每千米 1.6 元计算,输入的士的千米数,请计算顾客需付费多少元。

3. 从键盘读入一个数,判断它的正负。是正数,则输出"＋",是负数,则输出"－"。

4. 编程:输入整数 a 和 b,若大于 100,则输出百位以上的数字,否则输出两数之和。

5.输入一个三位数的正整数,将数字位置重新排列,组成一个尽可能大的三位数。例如:输入 213,重新排列可得到尽可能大的三位数是 321。

6.输入一个数,判断它是否是水仙花数(一个三位数,它的各位数字立方之和等于它本身,这个数就是水仙花数)。

7.输入方程 $ax^2+bx+c=0$ 的系数值(设 $a\neq0$),输出方程的实根或输出没有实根的提示信息。(提示:输入方程的系数 a、b、c 后,首先要判断 b^2-4ac 是否大于零,有实根则求出方程的实根,没有实根则输出没有实根的提示信息。)

知识目标

1. 掌握循环结构的概念。
2. 掌握 while 语句和 do…while 语句的使用方法。
3. 掌握 for 语句的使用方法。
4. 掌握循环嵌套的使用方法。
5. 掌握 break 语句和 continue 语句的使用方法。

能力目标

1. 懂得程序中为什么需要使用循环结构。
2. 具有应用循环结构解决实际问题的能力。

任务 1 while 语句和 do…while 语句

【任务 4.1】设计一个程序,求自然数 1~10 的和,然后打印结果。

【代码】

```
public class Demo1 {
    public static void main(String[] args) {
        int i=1,sum=0;
        while(i<=10)
        {
            sum=sum+i;
            i++;
        }
        System.out.println("1+2+...+10="+sum);
    }
}
```

【知识点】

一、while 语句的一般格式

```
while (表达式)
{
    循环体
}
```

二、while 语句的执行过程

先计算表达式的值,若表达式的值为 true,则执行循环体,每执行一次,就判断一次表达式的值,直到表达式的值为 false 时结束循环。while 语句的执行过程如图 4.1 所示。

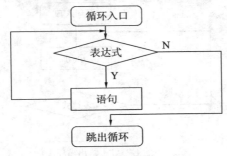

图 4.1 while 语句的执行过程

while 语句的特点是先判断,后执行。因此,当表达式的初值为 false 时,循环体将一次也不执行。

说明:
(1)循环体若包含一个以上的语句,必须用"{ }"组成复合语句。
(2)循环体内应有修改表达式值的语句,以使循环条件逐渐趋向于 false,最终退出循环。

【课堂训练】

使用 while 循环计算 1~100 之间所有奇数的和。

【任务 4.2】使用 do…while 语句求自然数 1~10 的和。

【代码】

```java
public class Demo2 {
    public static void main(String[] args) {
        int i=1,sum=0;
        do
        {
            sum= sum+ i;
            i++;
        } while(i<=10);
        System.out.println("1+2+...+10="+sum);
    }
}
```

【知识点】

一、do…while 语句的一般格式

```
do
{
    循环体
} while(表达式);
```

二、do…while 语句的执行过程

首先执行一次循环体,然后再计算表达式的值,当表达式的值为 true 时,继续执行循环体,重复上述过程,直到表达式的值为 false 时,结束循环。do…while 语句的执行过程如图 4.2 所示。

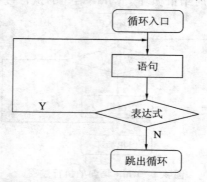

图 4.2　do…while 语句的执行过程

do…while 语句的特点是先执行一次循环体,然后再计算表达式的值。因此,至少要执行一次循环体。

说明:

(1)do…while 语句由 do 开始,用 while 结束,语句结束处的分号不能缺少。

(2)do…while 语句和 while 语句都能实现循环控制的功能,while 结构的程序通常都可以转换成 do…while 结构。

(3)在 do…while 循环体中一定要有能使 while 后表达式的值趋于 false 的操作,否则会出现死循环。

(4)循环体只能是一条语句,或者是用"{ }"括起来的复合语句。

三、while 和 do…while 循环的比较

while 和 do…while 结构都为当型循环结构,都是当条件成立时执行循环体,凡是能用 while 循环处理的问题,都能用 do…while 循环处理。在一般情况下,用 while 语句和用 do…while 语句处理同一问题时,若二者的循环体部分是一样的,它们的结果也一样。如"任务 4.1"和"任务 4.2"程序中的循环体是相同的,得到的结果也相同。但是,如果 while 后面的表达式一开始就为 false,则两种循环的结果是不同的。while 为先判断,循环体执行次数最少为 0 次;而 do…while 为先执行再判断,循环体执行次数至少为 1 次。

1. while 循环

```
int sum=0,i=11;
while (i<=10)
{
```

```
        sum=sum+i;
        i++;
    }
    System.out.println("sum="+sum);
```

程序运行结果为:sum＝0。

2. do…while 循环

```
    int sum=0,i=11;
    do
    {
        sum=sum+i;
        i++;
    } while (i<=10) ;
    System.out.println("sum="+sum);
```

程序运行结果为:sum＝11。

可以看出:当 i 的初值大于 10 时,二者的结果就不同了。这是因为此时对 while 循环来说,一次都不执行循环体(表达式"i<＝10"为 false);而对 do…while 循环来说,则要执行一次循环体。可以得到结论:当二者在具有相同的循环体的情况下,如果 while 后面表达式的第一次的值为 true,则两种循环得到的结果相同;否则,二者结果不相同。

【课堂训练】

用 do…while 循环语句计算 10!。(提示:10!＝1×2×3×4×5×6×7×8×9×10)

任务2　for 语句

【任务 4.3】打印出所有的"水仙花数"。所谓"水仙花数"是指一个 3 位数,其各位数字立方和等于该数本身。

【代码】

```
public class Demo3 {
    public static void main(String[] args) {
        int n;
        for(n=100;n<=999;n++)
        {
            int a=n/100;
            int b=n%100/10;
            int c=n%100%10;
            if(a*a*a+b*b*b+c*c*c==n)
            {
                System.out.println(n);
            }
        }
    }
}
```

【任务 4.4】一家鲜花店,晴天时每天可卖出 20 朵鲜花,雨天时每天可卖出 12 朵鲜花。有一段时间连续几天共卖出了 112 朵鲜花,平均每天卖出 14 朵。编程:推算在这几天有几个晴天? 几个雨天?

【代码】

```java
public class Demo4 {
    public static void main(String[] args) {
        int qing,yu;
        for(qing=0;qing<=8;qing++)
        {
            yu=8-qing;
            if(20*qing+12*yu==112)
            {
                System.out.println("有"+qing+"个晴天,"+yu+"个雨天");
            }
        }
    }
}
```

【知识点】

一、for 语句的一般格式

```
for (表达式 1;表达式 2;表达式 3)
{
    循环体
}
```

二、for 语句的执行过程

首先计算表达式 1 的值,再判断表达式 2,如果其值为 true,则执行循环体,并计算表达式 3;然后再判断表达式 2,一直到其值为 false 时结束循环,执行后续语句。for 语句的执行过程如图 4.3 所示。

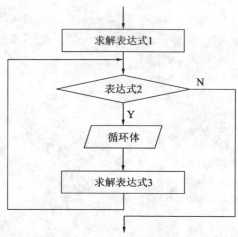

图 4.3　for 语句的执行过程

for 语句的特点是当表达式 2 的初值为 false 时,循环体将一次也不执行。

说明：

(1)for 语句能够和 while、do…while 一样完成循环控制功能。

(2)for 语句的循环体可以是多条语句，这些语句必须用花括号括起来。

(3)for 语句中的表达式可以部分或者全部省略，但两个分号必须保留。

①可以将表达式1置于for语句之前。由于表达式1是对循环变量赋初值的，这时，赋初值可在 for 语句之前完成。例如：

```
        i=1;
        for(;i<=5;i++)
        {…}
```

②表达式2是测试循环是否终止的。当表达式2缺省时，默认为循环条件永远为真，即永真循环，俗称死循环。这时，就应该在循环体内用其他手段来结束循环。例如：

```
        for(i=1;;i++)
        {
            if(i>5)
            {
                break;
            }
        }
```

当 i 大于5时，由 break 语句将程序流程强行跳出循环。

③可以将表达式3置于循环体内。由于表达式3通常用于对循环变量值的修改，为使循环正常进行，可以在循环以内修改循环变量的值。例如：

```
        i=1;
        for(i=1;i<=5;)
        {…
            i++;
        }
```

④ 三个表达式可以全部省略。例如：

```
        for(;;)
        {…}
```

⑤循环体可以是空语句。这时，循环体只有一个分号。例如：

```
        for(i=1;i<=5;i++)
        ;
```

【课堂训练】

编写程序，找出满足以下条件的所有两位数：

(1)能被3整除。

(2)此两位数至少有一位上的数是4。

任务3 循环的嵌套

【任务 4.5】有一位老大爷去集贸市场买鸡,他想用 100 元钱买 100 只鸡,而且要求所买的鸡中公鸡、母鸡和小鸡都得有。已知公鸡 2 元一只,母鸡 3 元一只,小鸡 0.5 元一只。问老大爷要买多少只公鸡、母鸡、小鸡恰好花去 100 元钱,并且买到 100 只鸡?

【代码】

```java
public class Demo5 {
    public static void main(String[] args) {
        int x,y,z;
        for(x=1;x<50;x++)
        {
            for(y=1;y<33;y++)
            {
                z=100-x-y;
                if(2*x+3*y+0.5*z==100)
                {
                    System.out.println("公鸡"+x+"只,母鸡"+y+"只,小鸡"+z+"只");
                }
            }
        }
    }
}
```

【知识点】

一个循环体内又包含另一个完整的循环结构,称为循环的嵌套。把包含另一个循环结构的循环称为外循环,被包含的循环称为内循环。外循环每执行一次,内循环要执行一遍。三种循环(while 循环、do…while 循环和 for 循环)可以互相嵌套。例如:

(1)while( )	(2)do	(3)for(;;)
{…	{…	{
while()	do{…}	for(;;)
{…}	while();	{…}
}	}while();	}
(4)while( )	(5)for(;;)	(6)do
{…	{	{…
do{…}	while()	for(;;)
while();	{…}	{…}
}	}	}while();

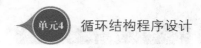

【**课堂训练**】

打印九九乘法表。

任务4 break 语句和 continue 语句

【任务 4.6】计算半径 r＝1 到 r＝10 时的圆面积，直到面积大于 100 为止。

【代码】

```
public class Demo6{
    public static void main(String[] args) {
        int r;
        double s;
        for(r=1;r<=10;r++)
        {
            s=3.14*r*r;
            if(s>100)
            {
                break;
            }
            System.out.println(s);
        }
    }
}
```

【任务 4.7】人口增长预测。据 2005 年末统计，我国人口为 13.0756 亿人，如果人口的年增长率为 1％，请计算到哪一年我国总人口超过 15 亿人。

【代码】

```
public class Demo7 {
    public static void main(String[] args) {
        double s=13.0756;
        int year;
        for(year=2006;;year++)
        {
            s=s*1.01;
            if(s>15)
            {
                break;
            }
        }
        System.out.println(year+"年我国总人口超过 15 亿人");
    }
}
```

【任务 4.8】编程：将 100～200 之间的不能被 3 整除的数输出。

【代码】

```
public class Demo8 {
    public static void main(String[] args) {
        int n;
        for(n=100;n<=200;n++)
        {
            if(n%3==0)
            {
                continue;
            }
            System.out.println(n);
        }
    }
}
```

【知识点】

一、break 语句

break 语句的一般格式为：

```
break;
```

功能：一是用于在 switch 语句中，结束 case 分支，跳出 switch 结构；二是用于循环语句，强迫程序立刻结束循环，转而执行循环语句后的其他语句。

说明：

(1)break 语句不能用于循环语句和 switch 语句之外的任何其他语句中。

(2)在循环语句中，通常是将 break 语句与 if 语句或 switch 语句结合使用，即在一定的条件下用 break 语句跳出循环体，结束循环。

二、continue 语句

continue 语句的一般格式如下：

```
continue;
```

功能：结束本次循环，即跳过循环体中下面尚未执行的语句，接着进行下一次是否执行循环的判定。

三、break 语句和 continue 语句的区别

continue 语句只结束本次循环，而不是终止整个循环的执行。而 break 语句则是结束整个循环过程，不再判断执行循环的条件是否成立。

【课堂训练】

1. 求 1～10 之间的整数相加，得到累积和大于 20 的当前数。提示：每次累加所求的和与 20 比较，大于 20 的将当前数打印输出，通过 break 语句结合条件语句来解决。

2. 求 1~10 之间所有偶数的和。提示：定义一个循环变量 i，通过 i％2 来判断 i 是奇数还是偶数，如果是奇数，结束本次循环，通过执行 continue 语句，进行下一次循环解决此问题。

习题4 □□□□

一、选择题

1. 结构化程序设计使用的三种基本程序控制结构为_____。

A. 模块结构、选择结构、递归结构

B. 顺序结构、条件结构、过程结构

C. 顺序结构、选择结构、循环结构

D. 转移结构、嵌套结构、递归结构

2. 下列叙述正确的是_____。

A. continue 语句的作用是结束整个循环的执行

B. 在循环体内使用 break 语句或 continue 语句的作用相同

C. 只能在循环体内和 switch 语句体内使用 break 语句

D. 以上说法都不对

3. 定义 int a＝10，下列循环的输出结果是_____。

```
while(a>7)
{ a--;System.out.print(a+" ");}
```

A. 9 8 7   B. 10 9 8   C. 9 8 7 6   D. 10 9 8 7

4. 若 i,j 已定义为 int 类型，则以下程序段中的内循环体总共被执行_____次。

```
for(i=4;i>0;i--)
    for(j=0;j<5;j++) { ...}
```

A. 20   B. 24   C. 25   D. 30

5. 以下程序段中，while 循环的循环次数是_____。

```
int i=0;
while(i<10)
{
    if(i<1) continue;
    if(i==5) break;
    i++;
}
```

A. 1   B. 6   C. 10   D. 无法确定

6. 以下不是语句的是_____。

A. c＝a＋b;

B. ;

C. x＝3

D. {t＝a;a＝b;b＝t;}

二、填空题

1. Java 语言三个循环语句分别是_____语句、do…while 语句和_____语句。其中至少执行一次循环体的循环语句是_____。

2. break 语句与循环语句搭配使用时,其作用是_____。

3. for 循环的循环体中,可以包含多条语句,但必须用_____括起来。

4. do…while 语句构成的循环_____用其他语句构成的循环来代替。(请填"能"或"不能")

5. 以下程序段,循环体执行的次数是_____。

```java
int i=100;
while(true)
{
    i=i%100+1;
    if(i>100)
    {
        break;
    }
}
```

6. 语句 int x,sum＝0;for(x＝1;sum＜＝10;x＋＋){sum＋＝x;}执行之后 x 的值为_____。

7. 下面的程序执行后,a 的值为_____。

```java
int a,b=1;
for(a=1;a<=100;a++)
{
    if(b>=20) break;
    if(b%3==1)
    {
        b+=3;
        continue;
    }
    b-=5;
}
System.out.println(a);
```

8. 下面的两段程序执行后,程序的输出结果分别为_____和_____。

程序一:

```java
int i=11,j=0;
do{
    j=j+i;
    i++;
}while(i<=10);
System.out.println(j);
```

程序二：

```
int i=11,j=0;
while(i<=10){
    j=j+i;
    i++;
}
System.out.println(j);
```

9.下面程序的功能是：输出 100 以内能被 3 整除且个位数为 6 的所有整数。请填空。

```
int i,j;
for(i=0;_____;i++)
{
    j=i*10+6;
    if(_____)
    {
        continue;
    }
    System.out.println(j);
}
```

三、编程题

1.编写一个程序，求出 200 到 300 之间的数，且满足条件：它们三个数字之积为 42，三个数字之和为 12。

2.一个班进行了一次 Java 考试，现要输入第一小组 10 个学生的成绩，计算这一小组的总分与平均分，并按要求输出。

3.猴子吃桃问题。猴子第一天摘下若干个桃子，当即吃了一半，还不过瘾，又多吃了一个。第二天早上又将剩下的桃子吃掉一半，又多吃了一个。以后每天早上都吃了前一天剩下的一半零一个。到第 10 天早上想再吃时，就只剩一个桃子了。求第一天共摘多少桃子。

4.输入两个正整数，求它们的最大公约数。

5.打印输出 0~200 之间能被 7 整除但不能被 4 整除的所有整数。要求每行显示 6 个数据。

6.有一分数序列 2/1,3/2,5/3,8/5,13/8,21/13,…，求出这个数列的前 20 项之和。

7.用穷举法解决搬砖问题：36 块砖，36 人搬，男搬 4，女搬 3，2 个小孩抬 1 砖，要求一次搬完。问需要男、女、小孩各多少？（男、女都指成人。）

8.一个数如果恰好等于它的因子之和，这个数就称为"完数"。例如，6 的因子为 1、2、3，而 6＝1＋2＋3，因此 6 是"完数"。编程：找出 1000 之内的所有完数。

9.在数学课上，李老师要同学们对给定的任意正整数进行判断，看是否为素数。这个数学问题，用 Java 语言该如何解决？

10.相传汉高祖刘邦问大将军韩信统御兵士多少，韩信答说，每 3 人一列余 1 人、5 人一列余 2 人、7 人一列余 4 人、13 人一列余 6 人。刘邦茫然不知其数。如果你是一名优秀的程序员，请你帮刘邦解决这一问题，韩信至少统御了多少兵士。

单元 5 数组

任务1 一维数组的使用

【任务 5.1】使用一维数组将 2017 年每个月的天数打印出来。

【算法分析】

(1)定义一个包含 main 函数的功能类 DayOfMonth。

(2)在 main 函数中定义一个整型数组,在此数组中存放 2017 年每个月的天数信息。

(3)通过 for 循环遍历此数组并使用 println 方法将数组元素值逐一打印出来。

【代码】

```java
public class DayOfMonth {
    public static void main(String[] args) {
        //创建并初始化一维数组
        int dayOfMonth[]=new int[]{31, 28, 31, 30, 31, 30, 31, 31, 30, 31, 30, 31};
        System.out.println("2017 年:");
        for (int i = 0;i<dayOfMonth.length;i++) {//利用循环将信息输出
            System.out.println((i + 1) + "月有" + dayOfMonth[i] +"天");//输出的信息
        }
    }
}
```

【任务5.2】使用一维数组将本周每天的工作安排打印出来(每天的具体内容自定义)。

【算法分析】

(1)定义一个包含 main 函数的功能类 PlanOfWeek。

(2)在 main 函数中定义一个字符串数组,在此数组中存放本周每天的工作安排。

(3)通过 for 循环遍历此数组并使用 println 方法将数组元素值逐一打印出来。

【代码】

```
public class PlanOfWeek {
    public static void main(String[] args) {
        //创建并初始化一维数组
        String planOfWeek[]=new String[]{"开会","学习","编码","测试","总结","加
班","休息"};
        System.out.println("本周安排如下:");
        for (int i=0;i<planOfWeek.length;i++) {//利用循环将信息输出
            System.out.println("周"+ (i+1)+planOfWeek[i]);//输出的信息
        }
    }
}
```

【知识点】

一、一维数组的定义

1.创建一维数组

一维数组的声明有以下两种方式:

　　　　　数组元素类型　数组名字[];

和

　　　　　数组元素类型[]　数组名字;

以上两种声明方式都是符合 Java 语法的,按各自喜好选择其中一种使用即可。为了避免不必要的重复,本章后面讲解或举例都使用第一种声明方式。

其中数组元素类型决定了数组的数据类型,它可以是 Java 中任意的数据类型,数组名字可以是任意合法的 Java 标识符,"[]"符号代表该变量是一个数组变量,单个"[]"表示数组为一维数组。

声明完数组后就要正式创建数组,在 Java 中有以下两种方式创建一维数组。

(1)先声明,再用 new 关键字进行内存分配。

语法格式为:

　　　数组元素类型　数组名字[];

　　　数组名字 = new 数组元素类型[数组元素个数];

例如:

　　　int arrayInt[];//先声明一个 int 型的一维数组 arrayInt

　　　arrayInt = new int[12];//创建数组大小为 12 的一维数组 arrayInt

(2)声明的同时为数组分配内存。

语法格式为:

　　　数组元素类型　数组名字[] = new 数组元素类型[数组元素个数];

例如:

```
int arrayInt[] = new int[12];//声明并创建数组大小为 12 的 int 型一维数组 arrayInt
```

2. 初始化一维数组

在创建完一维数组后接着要对一维数组进行初始化的工作。初始化的方式主要分为以下三种。

(1)先声明,再创建并同时初始化。

语法格式为:

```
数组元素类型　数组名字[];
数组名字 = new 数组元素类型[]{元素 1,元素 2,…,元素 n};
```

或者

```
数组元素类型　数组名字[];
数组名字 = {元素 1,元素 2,…,元素 n};
```

注意:

此种方式下虽然在创建数组时没有明确指明数组的大小,但在初始化时数组大小等于数组元素个数,即上面语法格式中的 n。

例如:

```
int arrayInt[];//先声明一个 int 型的一维数组 arrayInt
arrayInt = new int[]{0,1,2};//创建并初始化数组大小为 3 的一维数组 arrayInt
```

或者

```
int arrayInt[];//先声明一个 int 型的一维数组 arrayInt
arrayInt = {0,1,2};//创建并初始化数组大小为 3 的一维数组 arrayInt
```

(2)声明的同时创建并初始化。

语法格式为:

```
数组元素类型　数组名字[] = new 数组元素类型[]{元素 1,元素 2,…,元素 n};
```

或者

```
数组元素类型　数组名字[] = {元素 1,元素 2,…,元素 n};
```

注意:

此种方式下虽然在创建数组时没有明确指明数组的大小,但在初始化时数组大小等于数组元素个数,即上面语法格式中的 n。

例如:

```
int arrayInt[] = new int[]{0,1,2};//声明的同时创建并初始化数组大小为 3 的 int 型一维数
                                  组 arrayInt
```

或者

```
int arrayInt[] = {0,1,2};//声明的同时创建并初始化数组大小为 3 的 int 型一维数组
                         arrayInt
```

(3)先声明,再创建,最后初始化。

语法格式为：

　　数组元素类型　数组名字[];

　　数组名字 = new 数组元素类型[数组元素个数];

对每个数组元素赋值可以使用循环语句或者手动访问赋值。

例如：

```
int arrayInt[];//先声明一个 int 型的一维数组 arrayInt
arrayInt = new int[3];//创建数组大小为 3 的一维数组 arrayInt
for(int i=0;i<arrayInt.length;i++){//对每个数组元素使用循环语句赋值
    arrayInt[i]=i;
}
//对每个数组元素使用手动访问赋值
arrayInt[0]=0;
arrayInt[1]=1;
arrayInt[2]=2;
```

访问一维数组单个元素的语法格式如下：

　　数组名字[索引值]

其中索引值的范围为 0 到数组长度－1,数组长度即数组元素个数。

获取一维数组长度的语法格式如下：

　　数组名字.length

二、一维数组的遍历

　　一维数组的遍历一般使用循环语句对数组中的所有元素进行遍历操作,在前面的任务 5.1 与任务 5.2 中已经使用 for 循环进行了数组的遍历操作,其中用到了上面讲解的访问一维数组单个元素和获取一维数组长度的知识点。其实在 Java 中,还可以使用增强 for 循环进行一维数组遍历。

　　增强 for 循环的语法格式为：

　　for(type 变量名:集合变量名){…}

例如：

```
int arrayInt[] = {0,1,2};//创建并初始化数组大小为 3 的 int 型一维数组 arrayInt
for(int i=0;i<arrayInt.length;i++){//使用 for 循环遍历数组并将每个数组元素值打印出来
    System.out.println(arrayInt[i]);
}
for(int temp : arrayInt){//使用增强 for 循环遍历数组并将每个数组元素值打印出来
    System.out.println(temp);
}
```

　　由此可见,虽然实现的都是遍历一维数组的功能,但是增强 for 循环相比于普通 for 循环,从表现形式上显得更简洁。

【课堂训练】

自定义一个有 6 个元素的数组,将其中索引值为偶数的数组元素值打印出来。

任务2 数组基本应用

【任务 5.3】有数组 arrayInt1(int arrayInt1[] ＝{1,2,3};)和数组 arrayInt2(int arrayInt2[];),将数组 arrayInt1 中的内容全部复制到数组 arrayInt2 中。

【算法分析】

（1）此任务为数组的全部复制操作。数组 arrayInt1 中的内容全部复制到数组 arrayInt2 中的前提条件是 arrayInt2 的大小要大于等于 arrayInt1。

（2）使用循环语句遍历数组并进行全部复制操作是最原始的做法。（这里省略实现。）

（3）使用 Arrays 类提供的 copyOf 方法最简便。（对于 Arrays 类，暂时不用体会它是什么意思，只要知道它提供的 copyOf 方法可以进行字符串复制操作即可。）

【代码】

```
importjava.util.Arrays;
public class CopyOfDemo {
    public static void main(String[] args) {
        int arrayInt1[] = {1,2,3};
        int arrayInt2[];
        arrayInt2 = Arrays.copyOf(arrayInt1, 3);//注意 copyOf 的使用方法
    }
}
```

【任务 5.4】有数组 arrayInt1(int arrayInt1[] ＝{1,2,3};)和数组 arrayInt2(int arrayInt2[] ＝{10,20,30,40,50};),将数组 arrayInt1 中索引值为 1，2 的数组元素复制到数组 arrayInt2 中索引值为 3，4 的数组元素中。

【算法分析】

（1）此任务为数组的部分复制操作。数组 arrayInt1 中的部分内容复制到数组 arrayInt2 中的前提条件是 arrayInt2 要有能容纳下 arrayInt1 中部分内容的空间。

（2）使用循环语句遍历数组并进行部分复制操作实现起来比较麻烦。（这里省略实现。）

（3）使用 System 类提供的 arraycopy 方法最简便。（对于 System 类，暂时不用体会它是什么意思，只要知道它提供的 arraycopy 方法可以进行字符串复制操作即可。）

【代码】

```
public class ArrayCopyDemo {
    public static void main(String[] args) {
        int arrayInt1[] = {1,2,3};
        int arrayInt2[] = {10,20,30,40,50};
        System.arraycopy(arrayInt1, 1, arrayInt2, 3, 2);//注意 arraycopy 的使用方法
    }
}
```

【任务 5.5】求数字序列 1,3,6,7,2,5 的平均值。

【算法分析】

(1)将数字序列使用 int 型的一维数组存储。

(2)通过遍历数组将此数组中的所有元素值相加求和。

(3)使用总和除以数组长度即为所求平均值。

【代码】

```java
public class ArrayAverageDemo {
    public static void main(String[] args) {
        int a[]={1,3,6,7,2,5};
        double sum=0;
        double avg=0;
        for(int i=0;i<a.length;i++){
            sum=sum+a[i];
        }
        avg=sum/a.length;
        System.out.println("和为:"+sum+"平均数为:"+avg);
    }
}
```

【任务 5.6】求数字序列 1,3,6,7,2,5 的最大值。

【算法分析】

(1)将数字序列使用 int 型的一维数组存储。

(2)使用一个变量存储数组中的最大值,此变量初始值为数组中的第一个元素值。

(3)通过循环将每个数组元素的值与此变量的值进行大小比较,在每轮循环比较时都将元素值大的存放在此变量中后进入下一轮比较。当数组全部循环遍历完后,此变量存放的就是数组中的最大值。

【代码】

```java
public class ArrayMaxDemo {
    public static void main(String[] args) {
        int a[]={1,3,6,7,2,5};
        int max=a[0];
        for (int i=0;i<a.length;i++) {
            if (a[i]>max) {
                max=a[i];
            }
        }
        System.out.println("最大值是:" + max);
    }
}
```

【任务 5.7】求数字序列 1,3,6,7,2,5 的最小值。

【算法分析】

(1)将数字序列使用 int 型的一维数组存储。

(2)使用一个变量存储数组中的最小值,此变量初始值为数组中的第一个元素值。

（3）通过循环将每个数组元素的值与此变量的值进行大小比较,在每轮循环比较时都将元素值小的存放在此变量中后进入下一轮比较。当数组全部循环遍历完后,此变量存放的就是数组中的最小值。

【代码】

```
public class ArrayMinDemo {
    public static void main(String[] args) {
        int a[]={1,3,6,7,2,5};
        int min=a[0];
        for (int i=0;i<a.length;i++) {
            if (a[i]<min) {
                min=a[i];
            }
        }
        System.out.println("最小值是:" + min);
    }
}
```

【任务 5.8】查找数字 7 是否存在于数字序列 1,3,6,7,2,5 中。

【算法分析】

（1）将数字序列使用 int 型的一维数组存储。

（2）原始的做法就是遍历数组,将每个数组元素值与要查找的数字进行比较,如果有相同的,则表示要查找的数字存在于此数字序列中,反之则不存在。（这里省略实现。）

（3）高级的做法就是使用 Arrays 类提供的 binarySearch 方法进行搜索。（对于 Arrays 类,暂时不用体会它是什么意思,只要知道它提供的 binarySearch 方法可以进行搜索操作。）

【代码】

```
importjava.util.Arrays;
public class ArraySearchDemo {
    public static void main(String[] args) {
        int a[]={1,3,6,7,2,5};
        Arrays.sort(a);
        int index=Arrays.binarySearch(a,7);
        System.out.println("index:"+index);
        if(index>=0){
            System.out.println("7存在于数字序列中");
        }else{
            System.out.println("7不存在于数字序列中");
        }
    }
}
```

【知识点】

一、Arrays 类的 copyOf 方法

上述任务中使用到的 copyOf 方法原型如下:

```
public static int[] copyOf(int[] original,int newLength)
```

功能：

复制指定的数组，截取或用 0 填充（如有必要），以使副本具有指定的长度。对于在原数组和副本中都有效的所有索引，这两个数组将包含相同的值。对于在副本中有效而在原数组中无效的所有索引，副本将包含 0。当且仅当指定长度大于原数组的长度时，这些索引存在。

参数：

original——要复制的数组；

newLength——要返回的副本的长度。

返回：

原数组的副本，截取或用 0 填充以获得指定的长度。

针对不同类型的数组，还有如下形式的 copyOf 方法可用：

```
public static byte[] copyOf(byte[] original, intnewLength)

public static short[] copyOf(short[] original, intnewLength)

public static long[] copyOf(long[] original,intnewLength)

public static char[] copyOf(char[] original, intnewLength)

public static float[] copyOf(float[] original, intnewLength)

public static double[] copyOf(double[] original, intnewLength)

public static boolean[] copyOf(boolean[] original, intnewLength)
```

Arrays 类还提供了 copyOfRange 方法进行选择性的复制操作，以操作 int 型数组为例，原型如下：

```
public static int[] copyOfRange(int[] original, int from, int to)
```

功能：

将指定数组的指定范围复制到一个新数组。该范围的初始索引（from）必须位于 0 和 original.length（包括）之间。original[from]处的值放入副本的初始元素中（除非 from == original.length 或 from == to）。原数组中后续元素的值放入副本的后续元素。该范围的最后索引（to）（必须大于等于 from）可以大于 original.length，在这种情况下，0 被放入索引大于等于 original.length-from 的副本的所有元素中。返回数组的长度为 to～from。

参数：

original ——将要从其复制一个范围的数组；

from——要复制的范围的初始索引（包括）；

to——要复制的范围的最后索引（不包括）（此索引可以位于数组范围之外）。

返回：

包含取自原数组指定范围的新数组，截取或用 0 填充以获得所需长度。

针对不同类型的数组，还有如下形式的 copyOfRange 方法可用：

```
public static byte[] copyOfRange(byte[] original, int from, int to)

public static short[] copyOfRange(short[] original, int from, int to)

public static long[] copyOfRange(long[] original, int from, int to)

public static char[] copyOfRange(char[] original, int from, int to)

public static float[] copyOfRange(float[] original, int from, int to)

public static double[] copyOfRange(double[] original, int from, int to)

public static boolean[] copyOfRange(boolean[] original, int from, int to)
```

二、System 类提供的 arraycopy 方法

上述任务中使用到的 arraycopy 方法原型如下：

```
public static void arraycopy(Object src, int srcPos, Object dest, int destPos, int length)
```

功能：

从指定源数组中复制一个数组，复制从指定的位置开始，到目标数组的指定位置结束。从 src 引用的源数组到 dest 引用的目标数组，数组组件的一个子序列被复制下来。被复制的组件的编号等于 length 参数。源数组中位置在 srcPos 到 srcPos＋length－1 之间的组件被分别复制到目标数组中的 destPos 到 destPos＋length－1 位置。

如果参数 src 和 dest 引用相同的数组对象，则复制的执行过程就好像首先将 srcPos 到 srcPos＋length－1 位置的组件复制到一个带有 length 组件的临时数组，然后再将此临时数组的内容复制到目标数组的 destPos 到 destPos＋length－1 位置一样。

参数：

src——源数组；

srcPos——源数组中的起始位置；

dest——目标数组；

destPos——目标数组中的起始位置；

length——要复制的数组元素的数量。

三、Arrays 类的 binarySearch 方法

上述任务中使用到的 binarySearch 方法原型如下：

```
public static int binarySearch(int[] a, int key)
```

功能：

使用二分搜索法来搜索指定的 int 型数组，以获得指定的值。必须在进行此调用之前对数组进行排序（通过 sort(int[])方法）。如果没有对数组进行排序，则结果是不确定的。如果数组包含多个带有指定值的元素，则无法保证找到的是哪一个。

参数：

a——要搜索的数组；

key——要搜索的值。

返回：

如果它包含在数组中，则返回搜索键的索引；否则返回（－（插入点）－1）。插入点被定义为将键插入数组的那一点，即第一个大于此键的元素索引，如果数组中的所有元素都小于指定的键，则为 a.length。注意，这保证了当且仅当此键被找到时，返回的值将大于等于 0。

针对不同类型的数组，还有如下形式的 binarySearch 方法可用：

```
public static int binarySearch(long[] a, long key)
public static int binarySearch(short[] a, short key)
public static int binarySearch(char[] a, char key)
public static int binarySearch(byte[] a, byte key)
public static int binarySearch(double[] a, double key)
public static int binarySearch(float[] a, float key)
```

Arrays 类还提供了可以限定范围的 binarySearch 方法进行二分搜索,以操作 int 型数组为例,原型如下:

```
public static int binarySearch(int[] a, int fromIndex, int toIndex, int key)
```

功能:

使用二分搜索法来搜索指定的 int 型数组的范围,以获得指定的值。必须在进行此调用之前对范围进行排序(通过 sort(int[], int, int)方法)。如果没有对范围进行排序,则结果是不确定的。如果范围包含多个带有指定值的元素,则无法保证找到的是哪一个。

参数:

a——要搜索的数组;

fromIndex——要搜索的第一个元素的索引(包括);

toIndex——要搜索的最后一个元素的索引(不包括);

key——要搜索的值。

返回:

如果它包含在数组的指定范围内,则返回搜索键的索引;否则返回(-(插入点)- 1)。插入点被定义为将键插入数组的那一点,即范围中第一个大于此键的元素索引,如果范围中的所有元素都小于指定的键,则为 toIndex。注意,这保证了当且仅当此键被找到时,返回的值将大于等于 0。

针对不同类型的数组,还有如下形式的限定范围的 binarySearch 方法可用:

```
public static int binarySearch(long[] a, int fromIndex, int toIndex, long key)
public static int binarySearch(short[] a, int fromIndex, int toIndex, short key)
public static int binarySearch(char[] a, int fromIndex, int toIndex, char key)
public static int binarySearch(byte[] a, int fromIndex, int toIndex, byte key)
public static int binarySearch(double[] a, int fromIndex, int toIndex, double key)
public static int binarySearch(float[] a, int fromIndex, int toIndex, float key)
```

【课堂训练】

有数组 arr(数组元素分别为"ac","bc","dc","yc"),将数组 arr 中索引位置是 2 的元素替换为"bb",并将替换前数组中的元素与替换后数组中的元素全部打印出来。

任务3　多维数组的使用

【任务 5.9】创建 MatrixDemo 类,在主方法中输出一个 2 行 3 列的矩阵,其中第一行元素都为 0,第二行元素都为 1。

【算法分析】

(1)创建一个"2 行 3 列"的二维数组并对二维数组进行相应初始化操作。

(2)遍历二维数组并打印出符合要求的矩阵。

【代码】

```
public class MatrixDemo {//创建类
    public static void main(String[] args) {//主方法
        int a[][]={{0,0,0},{1,1,1}};//定义并初始化二维数组
        for (int i=0;i<a.length;i++) {
```

```
            for (int j=0;j<a[i].length;j++) {//循环遍历数组中的每个元素
                System.out.print(a[i][j]);//将数组中的元素输出
            }
            System.out.println();//输出空格
        }
    }
}
```

【任务 5.10】有 int 型二维数组 c,数组元素为{{1},{2,2},{3,3,3},{4,4,4,4},{5,5,5,5,5}},遍历数组 c,计算元素个数并反向(从右往左)输出每个元素。

【算法分析】

(1)使用反向遍历二维数组的方式打印输出每个元素。

(2)遍历时使用一个临时变量记录二维数组的元素个数。

【代码】

```
public class ArrayTraversalExample_Reverse{
public static void main (String args[ ]){
int c[][]={{1},{2,2},{3,3,3},{4,4,4,4},{5,5,5,5,5}};
int totalNum=0;
for(int i=c.length-1;i>=0;i--){
    int[] tmp=c[i];
    for(int j=tmp.length-1;j>=0;j--){
        totalNum++;
        System.out.print(tmp[j]+" ");
    }
    System.out.println();
    }
    System.out.println("Total number is "+totalNum);
    }
}
```

【知识点】

一、二维数组的定义

1.创建二维数组

二维数组的声明有以下两种方式:

数组元素类型　数组名字[][];

和

数组元素类型[][]　数组名字;

以上两种声明方式都是符合 Java 语法的,按各自喜好选择其中一种使用即可。为了避免不必要的重复,本章后面讲解或举例都使用第一种声明方式。

其中数组元素类型决定了数组的数据类型,它可以是 Java 中任意的数据类型,数组名字可以是任意合法的 Java 标识符,"[][]"符号代表该变量是一个数组变量,两个"[][]"表示数组为二维数组。

声明完数组后就要正式创建数组,在 Java 中有以下两种方式创建二维数组。

(1)先声明,再用 new 关键字进行内存分配。

语法格式为:

> 数组元素类型　数组名字[][];
> 数组名字 = new 数组元素类型[行数][列数];

例如:

> int arrayInt[][];//先声明一个 int 型的二维数组 arrayInt
> arrayInt = new int[3][3];//创建一个数组大小为 3(3 行 3 列)的二维数组 arrayInt

(2)声明的同时为数组分配内存。

语法格式为:

> 数组元素类型　数组名字[][] = new 数组元素类型[行数][列数];

例如:

> int arrayInt[][] = new int[3][3];//声明并创建一个数组大小为 3(3 行 3 列)的 int 型二维数
> 组 arrayInt

此 arrayInt 二维数组的表现形式如图 5.1 所示。

arrayInt [0][0]	arrayInt [0][1]	arrayInt [0][2]	--- arrayInt [0]
arrayInt [1][0]	arrayInt [1][1]	arrayInt [1][2]	--- arrayInt [1]
arrayInt [2][0]	arrayInt [2][1]	arrayInt [2][2]	--- arrayInt [2]

图 5.1　arrayInt 二维数组的表现形式

2.初始化二维数组

在创建完二维数组后接着要对二维数组进行初始化的工作。初始化的方式主要分为以下三种。

(1)先声明,再创建并同时初始化。

语法格式为:

> 数组元素类型　数组名字[][];
> 数组名字 = new 数组元素类型[][]{{元素 1,元素 2,…,元素 1},{元素 1,元素 2,…,元素 m},…
> n};

或者

> 数组元素类型　数组名字[][];
> 数组名字 = {{元素 1,元素 2,…,元素 1},{元素 1,元素 2,…,元素 m},…n};

注意:

　　此种方式下虽然在创建数组时没有明确指明二维数组的大小,但在初始化时二维数组大小等于所有一维数组的个数,即上面语法格式中的 n。

例如:

> int arrayInt[][];//先声明一个 int 型的二维数组 arrayInt
> arrayInt = new int[][]{{1},{2,2},{3,3,3}};//创建并初始化数组大小为 3 的二维数组
> arrayInt

或者

```
int arrayInt[][];//先声明一个 int 型的二维数组 arrayInt
arrayInt = {{1},{2,2},{3,3,3}};//创建并初始化数组大小为 3 的二维数组 arrayInt
```

（2）声明的同时创建并初始化。

语法格式为：

```
数组元素类型  数组名字[][] = new 数组元素类型[][]{{元素 1,元素 2,…,元素 1},{元素 1,元素 2,…,元素 m},…n};
```

或者

```
数组元素类型  数组名字[][] = {{元素 1,元素 2,…,元素 1},{元素 1,元素 2,…,元素 m},…n};
```

注意：

此种方式下虽然在创建数组时没有明确指明二维数组的大小,但在初始化时二维数组大小等于所有一维数组的个数,即上面语法格式中的 n。

例如：

```
int arrayInt[][] = new int[][]{{1},{2,2},{3,3,3}};//声明的同时创建并初始化数组大小为
3 的 int 型二维数组 arrayInt
```

或者

```
int arrayInt[][] = {{1},{2,2},{3,3,3}};//声明的同时创建并初始化数组大小为 3 的 int 型
二维数组 arrayInt
```

（3）先声明,再创建,最后初始化。

语法格式为：

```
数组元素类型  数组名字[][];
    数组名字 = new 数组元素类型[行数][列数];
```

对每个数组元素赋值可以使用循环语句或者手动访问赋值。

例如：

```
int arrayInt[][];//先声明一个 int 型的二维数组 arrayInt
arrayInt=new int[3][3];//创建数组大小为 3 的二维数组 arrayInt
for(int i=0;i<arrayInt.length;i++){//对每个数组元素使用循环语句赋值
    for(int j=0;j<arrayInt[i].length;j++){
        if(i==0&&j==0){
            arrayInt[i][j]=1;
        }else if(i==1&&(j==0||j==1)){
            arrayInt[i][j]=2;
        }else if(i==2){
            arrayInt[i][j]=3;
        }
    }
}
//对每个数组元素使用手动访问赋值
arrayInt[0][0]=1;
arrayInt[1][0]=2;
```

```
arrayInt[1][1]=2
arrayInt[2][0]=3;
arrayInt[2][1]=3;
arrayInt[2][2]=3;
```

初始化后 arrayInt 二维数组的表现形式如图 5.2 所示。

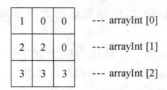

图 5.2 初始化后 arrayInt 二维数组的表现形式

访问二维数组单个元素的语法格式如下：

```
数组名字[行号][列号]
```

其中：行号的范围为 0 到二维数组长度−1,二维数组长度即二维数组中包含一维数组的个数；列号表示二维数组所包含的其中某个一维数组中的元素索引值。

获取二维数组长度的语法格式如下：

```
数组名字.length
```

二、二维数组的遍历

二维数组的遍历一般使用双循环语句对数组中的所有元素进行遍历操作,在前面的任务 5.9 与任务 5.10 中已经使用 for 循环进行了二维数组的遍历操作,其中用到了上面讲解的访问二维数组单个元素和获取二维数组长度的知识点。其实在 Java 中,还可以使用增强 for 循环进行二维数组遍历。

增强 for 循环的语法格式为：

```
for(type 变量名：集合变量名) {…}
```

例如：

```
int arrayInt[][]={{1},{2,2},{3,3,3}};//创建并初始化数组大小为 3 的 int 型二维数
组 arrayInt
for(int i=0;i<arrayInt.length;i++){//使用 for 循环遍历二维数组中所包含的一维数组
    for(int j=0;j<arrayInt[i].length;j++){//使用 for 循环遍历一维数组中的每个元素
并打印出来
    System.out.println(arrayInt[i][j]);
    }
}
for(int[] tmp1:arrayInt){//使用 for 循环遍历二维数组中所包含的一维数组
    for(int tmp2:tmp1){//使用 for 循环遍历一维数组中的每个元素并打印出来
    System.out.println(tmp2);
    }
}
```

由此可见,虽然实现的都是遍历二维数组的功能,但是增强 for 循环相比于普通 for 循环,从表现形式上显得更简洁。

三、三维数组及多维数组

在 Java 编程过程中很少涉及三维及以上的数组,但是 Java 语言是支持三维及以上的数组定义的。

理解三维数组的概念可以参考二维数组,理解四维数组又可以参考三维数组,无非三维数组的大小是其所包含的二维数组的个数,四维数组的大小是其所包含的三维数组的个数,依次类推。

下面举例演示如何创建并初始化三维数组和四维数组。

```
int array3[][][] = {//创建并初始化一个[2][2][3]的三维数组
        {{1,1,1},{1,1,1}},
        {{2,2,2},{2,2,2}}
        };
int array4[][][][] = {//创建并初始化一个[2][2][2][3]的四维数组
        {{{1,1,1},{1,1,1}},{{2,2,2},{2,2,2}}},
        {{{3,3,3},{3,3,3}},{{4,4,4},{4,4,4}}}
        };
```

【课堂训练】

编写 Java 程序,将以下二维数组中的行列互换并打印出来。

char arrayChar[][] = {{a,b,c},{d,e,f},{g,h,i}};

任务4　基本排序算法

【任务 5.11】现有一维数组 arrayInt,元素为{5,4,2,8,6,9,1,7},使用快速排序法进行数组元素排序。

【算法分析】

利用 Arrays 类带有的 sort 方法进行快速排序。

【代码】

```
importjava.util.Arrays;
public class QuickSortDemo{
public static void main(String[] args){
int[] arrayInt={5,4,2,8,6,9,1,7};
Arrays.sort(arrayInt);//利用 Arrays 类带有的 sort 方法进行快速排序
for(int i: arrayInt){
    System.out.print(i);
        }
    }
}
```

【任务 5.12】现有一维数组 arrayInt,元素为{5,4,2,8,6,9,1,7},使用冒泡排序法进行数组元素排序。

【算法分析】

冒泡排序法就是运用遍历数组进行比较,通过不断比较将最小值或者最大值一个一个地遍历出来。

【代码】

```
public class BubbleSortDemo{
public static void main(String[] args){
int[] arrayInt={5,4,2,8,6,9,1,7};
bubbleSort(arrayInt);
for(int i: arrayInt){
    System.out.print(i);
        }
        }
    public static void bubbleSort(int[] arr){//冒泡排序算法
    for(int i=0;i<arr.length-1;i++){
for(int j=0;j<arr.length-i-1;j++){
if(arr[j]>arr[j+1]){
int temp=arr[j];
arr[j]=arr[j+1];
arr[j+1]=temp;
                }
            }
        }
    }
}
```

【任务 5.13】现有一维数组 arrayInt,元素为{5,4,2,8,6,9,1,7},使用选择排序法进行数组元素排序。

【算法分析】

选择排序法是将数组的第一个数据作为最大或者最小的值,然后通过比较循环,输出有序的数组。

【代码】

```
public class SelectSortDemo{
public static void main(String[] args){
int[] arrayInt={5,4,2,8,6,9,1,7};
selectSort(arrayInt);
for(int i: arrayInt){
    System.out.print(i);
        }
        }
    public static int[] selectSort(int[] args){//选择排序算法
    for (int i=0;i<args.length-1 ;i++ ){
    int min=i;
    for (int j=i+1;j<args.length ;j++ ){
```

```
        if (args[min]>args[j]){
            min=j;
                }
            }
        if (min!=i){
            int temp=args[i];
            args[i]=args[min];
            args[min]=temp;
                }
            }
        return args;
        }
    }
```

【任务 5.14】现有一维数组 arrayInt,元素为{5,4,2,8,6,9,1,7},使用插入排序法进行数组元素排序。

【算法分析】

插入排序法是选择一个数组中的数据,通过不断插入、比较,最后进行排序。

【代码】

```
public class InsertSortDemo{
public static void main(String[] args){
int[] arrayInt={5,4,2,8,6,9,1,7};
insertSort(arrayInt);
for(int i: arrayInt){
    System.out.print(i);
        }
    }
public static int[] insertSort(int[] args){//插入排序算法
for(int i=1;i<args.length;i++){
for(int j=i;j>0;j--){
        if (args[j]<args[j-1]){
    int temp=args[j-1];
    args[j-1]=args[j];
    args[j]=temp;
        }else break;
    }
}
return args;
    }
}
```

【知识点】

一、快速排序法

快速排序法由 C.A.R. Hoare 在 1962 年提出。它的基本思想是:通过一趟排序将要排序的数据分割成独立的两个部分,其中一个部分的所有数据比另外一个部分的所有数据都要小,然后再按此方法对这两部分数据分别进行快速排序,整个排序过程可以递归进行,以此达到整个数据变成有序序列的目的。

设要排序的数组是 A[0]……A[N-1],首先任意选取一个数据(通常选用数组的第一个数)作为关键数据,然后将所有比它小的数都放到它前面,所有比它大的数都放到它后面,这个过程称为一趟快速排序。

一趟快速排序的算法是:

(1)设置两个变量 i,j,排序开始的时候,i=0,j=N-1;

(2)以第一个数组元素作为关键数据,赋值给 key,即 key=A[0];

(3)从 j 开始向前搜索,即由后开始向前搜索(j--),找到第一个小于 key 的值 A[j],将 A[j]和 A[i]互换;

(4)从 i 开始向后搜索,即由前开始向后搜索(i++),找到第一个大于 key 的 A[i],将 A[i]和 A[j]互换;

(5)重复第(3)步和第(4)步,直到 i=j。(第(3)步和第(4)步中,没找到符合条件的值,即第(3)步中 A[j]不小于 key,第(4)步中 A[i]不大于 key 的时候改变 j,i 的值,使得 j=j-1,i=i+1,直至找到为止。找到符合条件的值进行交换的时候,i,j 指针位置不变。另外,i==j 这一过程一定正好是 i+或 j-完成的时候,此时让循环结束)。

由于 JDK 中的 Arrays 类已经提供了 sort 方法进行快速排序,故在 Java 中不必手动实现算法,直接使用 sort 方法进行快速排序即可。

二、冒泡排序法

冒泡排序法的基本思想是重复地走访要排序的数列,一次比较两个元素,如果它们的顺序错误,就把它们交换过来。走访数列的工作是重复地进行,直到没有再需要交换的时候,也就是说,该数列已经排序完成。

具体实现步骤如下:

(1)比较相邻的元素。如果第一个比第二个大,就交换它们两个。

(2)对每一对相邻元素做同样的工作,从开始第一对到结尾的最后一对。在这一点,最后的元素应该会是最大的数。

(3)针对所有的元素重复以上的步骤,除了最后一个。

(4)持续对越来越少的元素重复上面的步骤,直到没有任何一对数字需要比较。

三、选择排序法

选择排序法的基本思想是:第 1 趟,在待排序记录 r[1]~r[n]中选出最小的记录,将它与 r[1]交换;第 2 趟,在待排序记录 r[2]~r[n]中选出最小的记录,将它与 r[2]交换;以此类推,第 i 趟在待排序记录 r[i]~r[n]中选出最小的记录,将它与 r[i]交换,使有序序列不断增长,直到全部排序完毕。

四、插入排序法

插入排序法的基本思想是将一个数据插入已经排好序的有序数据中,从而得到一个新的、个数加一的有序数据。每步将一个待排序的记录,按其关键码值的大小插入前面已经排序的文件中的适当位置上,直到全部插入完为止。

算法实现步骤如下:

(1)从第一个元素开始,该元素可以认为已经被排序。

(2)取出下一个元素,在已经排序的元素序列中从后向前扫描。

(3)如果该元素(已排序)大于新元素,将该元素移到下一位置。

(4)重复步骤(3),直到找到已排序的元素小于或者等于新元素的位置。

(5)将新元素插入到下一位置中。

(6)重复步骤(2)~(5)。

习题5 □□□

一、选择题

1.下面_____不是创建数组的正确语句。

A. float f[][] =new float[5][5];

B. float [][]f =new float[5][5];

C. float f[][] =new float[][5];

D. float [][] f= new float[5][];

2.对于下面的程序,叙述正确的是_____。

```java
public class Test{
    static int arr[]=new int[10];
    public static void main(String args [] ){
        System.out.println (arr[1]);
    }
}
```

A. 编译时将发生错误   B. 输出为 null

C. 输出为 0   D. 编译时正确但是运行时出错

3.下面表达式中,用来访问数组 a 中的第一个元素的是_____。

A. a[1]   B. a[0]   C. a. 1   D. a. 0

4.引用数组元素时,数组下标可以是_____。

A. 整型常量   B. 整型变量   C. 整型表达式   D. 以上均可

5.以下代码,能够对数组正确初始化(或者是默认初始化)的是_____。

A. int[] a;   B. a ={1, 2, 3, 4, 5};

C. int[] a =new int[5]{1, 2, 3, 4, 5};   D. int[] a =new int[5];

6. score 是一个整数数组,有五个元素,已经正确初始化并赋值。仔细阅读下面代码,程序运行结果是_____。

```java
temp= score[0];
for (int index=1;index<5;index++){
    if (score[index]<temp){
        temp=score[index];
    }
}
```

A. 求最大数　　　　　　　　　　　　B. 求最小数

C. 找到数组最后一个元素　　　　　　D. 编译出错

7. 下面不是数组复制方法的是＿＿＿＿＿＿。

A. 用循环语句逐个复制数组　　　　　B. 用方法 arraycopy

C. 用"＝"进行复制　　　　　　　　　D. 用 clone 方法

8. 数组 a 的第三个元素表示为＿＿＿＿＿＿。

A. a(3)　　　　　　B. a[3]　　　　　　C. a(2)　　　　　　D. a[2]

9. 使用 arraycopy()方法将数组 a 复制到数组 b 正确的是＿＿＿＿＿＿。

A. arraycopy(a,0,b,0,a. length)　　　B. arraycopy(a,0,b,0,b. length)

C. arraycopy(b,0,a,0,a. length)　　　D. arraycopy(a,1,b,1,a. length)

10. 关于数组默认值,错误的是＿＿＿＿＿＿。

A. char－－'u0000'　　　　　　　　　B. Boolean－－true

C. float－－0. 0f　　　　　　　　　　D. int－－0

二、填空题

1. 数组的元素通过＿＿＿＿＿＿来访问,数组 Array 的长度为＿＿＿＿＿＿。

2. 数组复制时,"＝"将一个数组的＿＿＿＿＿＿传递给另一个数组。

3. JVM 将数组存储在＿＿＿＿＿＿中。

4. 数组的二分查找法运用的前提条件是数组已经＿＿＿＿＿＿。

5. Java 中数组下标的数据类型是＿＿＿＿＿＿。

6. 数组最小的下标是＿＿＿＿＿＿。

7. arraycopy()的最后一个参数指明＿＿＿＿＿＿。

8. 向方法传递数组参数时,传递的是数组的＿＿＿＿＿＿。

9. 浮点型数组的默认值是＿＿＿＿＿＿。

10. 数组创建后其大小＿＿＿＿＿＿改变。

三、编程题

1. 有一个整数数组,其中存放着序列 2,4,6,8,10,12,14,16,18,20。请将该序列倒序存放并输出。

2. 有如下一个数组:

数组 oldArr:"1,0,3,4,5,0,6,2,0,5,4,7,6,0,7,0,5"。

要求将以上数组中值为 0 的项去掉,将不为 0 的值存入一个新的数组,生成的新数组为:

数组 newArr:"1,3,4,5,6,2,5,4,7,6,7,5"。

3. 有如下两个数组:

数组 data1:"5,3,1,2,15,12,19"。

数组 data2:"4,7,8,6,0"。

将两个数组合并为数组 newArr 并按升序排列。

1. 掌握方法的定义、方法的调用。
2. 掌握方法参数及其传递。
3. 掌握方法重载应用。

1. 懂得为什么要使用方法，使用方法的优点是什么。
2. 具有应用方法进行模块化程序设计的能力。

　　Java 中方法相当于 C 语言中的函数，在 Java 中可以应用方法来完成子程序的功能，可以将一组程序指令定义成方法，用来执行一些任务。为了执行程序中的任务，可以使用方法的调用语句来"调用"方法。

任务1　方法的定义及调用

【任务 6.1】使用方法调用的方式输出 5 行 10 列的星号。

【算法分析】

(1) 定义一个名为 printStar 的无参方法且方法无返回值；

(2) 在 main 方法中调用 printStar 方法。

【代码】

```
public class demo6_1 {
    public static void main(String[] args) {
        for(int i=1;i<=5;i++)
            printStar();//调用无参函数 printStar()
    }
    static void printStar()//定义无参方法 printStar(),函数无返回值
    {
        System.out.println("**********");
    }
}
```

【任务 6.2】使用有参方法计算长方形的面积。

【算法分析】

(1)定义一个名为 area 的有参方法,功能是计算长方形的面积,该方法有 2 个参数,分别表示长方形的长和宽,并将计算结果通过 return 语句返回。

(2)在主方法 main 中调用方法 area,将实参传递给形参,并接收方法的返回值,将最终结果打印输出。

【代码】

```java
import java.util.* ;
public class demo6_2 {
    public static void main(String[] args) {
        Scanner input=new Scanner(System.in);
        System.out.print("请输入长方形的长:");
        int x=input.nextInt();
        System.out.print("请输入长方形的宽:");
        int y=input.nextInt();
        int s=area(x,y);//调用有参方法 area,将实参传递给形参,并接收方法的返回值
        System.out.print("长方形的面积为"+s);
    }
    static int area(int a,int b)//定义有参方法 area,方法返回值为 int 类型
    {
        int c;
        c=a*b;
        return c;     //将计算结果通过 return 语句带回到方法调用处
    }
}
```

【知识点】

一、方法的定义

方法定义的一般形式为:

```
访问修饰符 [修饰符] 返回值类型 方法名(形式参数)
    {
        方法体
    }
```

说明:

(1)访问修饰符可以为 public、private、protected、default 四种,public 方法可以由所有类访问,private 只能由当前类的方法访问,protected 可以由同一包所有的类及子类中的方法访问,缺省无访问修饰符可以由同一包所有的类中的方法访问。

(2)修饰符可以为 static、final、abstract、native 和 synchronized。static 静态方法也可以称为类方法,其他可以称为实例方法。静态方法修饰符可以用关键字 static 描述,在类外部调用静态方法时,可以使用"类名.方法名"的方式;在类内部调用静态方法时,可以直接调用。

说明：

(3)方法返回值有两种情况：一种是方法没有返回值，其返回类型为"void"；另一种方法具有返回值，方法必须通过关键字 return 返回该值，返回类型为该返回值的类型。

(4)方法名必须是一个合法的标识符，与变量的命名类似，以字母、数字、下划线或 $ 符号组成，不能以数字开头，Java 方法名区分大小写，且不能与其他方法或变量重名，不能使用关键字。

(5)形式参数可以是各种类型的变量，形式参数可以没有，也可以由 1 个或多个参数组成，如果有多个参数，各参数之间用逗号间隔。

(6)方法体包括两部分，变量说明部分通常用来定义在方法体中使用的变量、数组等，执行部分是方法功能的实现，通常由可执行语句构成。

二、方法的调用

定义一个方法，目的是使用，因此只有在程序中调用该方法时才能执行它的功能。
方法调用的一般形式：

方法名(实际参数列表)；

说明：

实际参数列表和形式参数列表在数据类型上要求一一对应，参数的数量也要完全相同。

三、形式参数和实际参数

形式参数简称形参，形参是方法定义时方法名后括号中的变量。实际参数简称实参，实参是指调用方法时方法名后括号中的常量、变量或表达式。实参将值一一对应地传递给形参，即所谓的单向值传递。（当然，也可以传送对象的地址。）

四、方法的返回值

方法调用之后的结果称为方法的返回值，通过 return 语句来实现。
方法的返回语句格式为：

return 表达式；

说明：

(1)方法的返回值只能有一个。

(2)当方法定义时的类型与返回值中的表达式的类型不一致时，系统将方法返回语句中的表达式的类型转换为方法定义时的类型。

【课堂训练】

1.使用方法调用的方式输出以下图形。

****

欢迎来到 Java 的世界！

****

2.定义一个方法 max，求两个整数中的较大者。

3.从键盘上输入一个数，使用方法判断它是不是素数。

任务2 方法的嵌套调用

【任务6.3】求 Cmn＝m! /(n!（m－n）!)。要求用方法的嵌套方式完成。

【算法分析】

编写两个方法：第一个方法求阶乘，专门负责求某数的阶乘；另一个方法 Cmn 三次调用第一个方法，并计算相应的结果。

【代码】

```
public class demo6_3 {
    public static void main(String[] args) {
        int m,n,c;
        m=8;
        n=6;
        c=Cmn(m,n);
        System.out.print("Cmn的值为:"+ c);
    }
    public static int jc(int x) //方法一:求阶乘
    {
        int t=1;
        for (int i=1;i<=x;i++)
            t=t*i;
        return t;
    }
    public static int Cmn(int m,int n) //方法二:Cmn
    {
        int z;
        z=jc(m)/(jc(n)*jc(m-n));//三次调用方法一
        return z;
    }
}
```

【知识点】

嵌套调用：在调用一个方法的过程中，可以再调用一个方法。嵌套调用如图6.1所示。

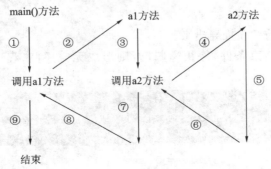

图 6.1 嵌套调用

执行 main 方法中调用 a1 方法时,转去执行 a1 方法;在 a1 方法中调用 a2 方法时,又去执行 a2 方法;a2 方法执行完毕返回 a1 方法断点处继续执行;a1 方法执行完毕返回 main 方法的断点处继续执行,直至程序执行结束。

【课堂训练】

判断任何一个大于等于 4 的偶数都可以分解成两个素数之和。

● ◎ ○
任务 3   方法的递归调用

【任务 6.4】猜年龄。5 个小朋友排着队做游戏。第 1 个小朋友 3 岁,其余的年龄一个比一个大 2 岁,问第 5 个小朋友的年龄是多大?

【算法分析】

根据题意,第 1 个小朋友 3 岁,当 n＝1 时,方法返回值为 3,当 n 大于 1 时,方法返回前一位小朋友年龄＋2,因此可推出公式:

$$age=\begin{cases} 3 & (n=1) \\ age(n-1)+2 & (n>1) \end{cases}$$

【代码】

```
public class demo6_4 {
    public static void main(String[] args) {
        System.out.print("第 5 个小朋友的年龄是:"+age(5));
    }
    public static int age(int n)
    {
        if (x==1) return 3;//如果是第 1 个小朋友,年龄是 3 岁
        else return age(n-1)+2;//不是第 1 个小朋友,年龄是前一个小朋友的年龄加 2 岁
    }
}
```

【知识点】

方法的递归调用就是在调用一个方法的过程中,又出现直接或间接地调用该方法本身,也就是自己调用自己。

用递归方法解题的条件:

(1)后一项可以由前一项推导出来。

(2)必须要有递归结束条件,停止递归,否则形成无穷递归,程序进入死循环状态,无法结束。

【任务 6.5】Hanoi(汉诺)塔问题:古代有一个梵塔,塔内有 3 个座子,第一个座子上有 64 个盘子,盘子大小不同,盘子自上而下从小到大排列,要将 64 个盘子从第一个座子移到第三个座子上,每次只允许移动一个盘子,盘子始终要求小盘在上、大盘在下。编写程序:打印移动步骤。

【算法分析】

方法的参数有 4 个,分别为 n,a,b,c,使用 n 记录盘子的数量,变量 a,b,c 分别表示三个座子。

当 n＝1 时,可以直接将盘子由 a 座子移到 c 座子上。

当 n＞1 时要做 3 件事:第一件是第 n−1 个盘子由 a 座子通过 c 座子移到 b 座子;第二件是将最后一个盘子由 a 座子移到 c 座子上;第三件是将第 n−1 个盘子由 b 座子通过 a 座子移到 c 座子。因此,可推出以下公式:

n＝1 时,显示 a−＞c;

n＞1 时,调用方法 yd(n−1,a,c,b) ;显示 a−＞c; yd(n−1,b,a,c)。

【代码】

```
public class demo6_5 {
    public static void main(String[] args) {
        yd(6,"A","B","C");//因 64 个盘子显示太多,调试程序时可以用较小的数据进行调试
    }
    public static void yd(int n,String a,String b,String c)
    {
        if (n==1)
            System.out.println(a+"->"+c);
        else
        {
            yd(n-1,a,c,b);
            System.out.println(a+"->"+c);
            yd(n-1,b,a,c);
        }
    }
}
```

【课堂训练】

1.用递归法求 n!。

2.用递归法求 1＋2＋3＋…＋n。

● ◎ ○

任务4　方法重载

【任务 6.6】计算长方形的面积,长和宽可以是整数,也可以是小数。

【算法分析】

定义两个名都为 area 的有参方法,第一个方法中的参数和返回值都为整型数,另一个方法中的参数和返回值都为浮点数。

【代码】

```
import java.util.* ;
public class demo6_5 {
    public static void main(String[] args) {
        // TODO Auto-generated method stub
        Scanner input=new Scanner(System.in);
```

```
        System.out.print("请输入长方形的长:");
        double x=input.nextDouble();
        System.out.print("请输入长方形的宽:");
        double y=input.nextDouble();
        double s=area(x,y);
        System.out.print("长方形的面积为"+s);
    }
    static int area(int a,int b) //方法一:参数为整型数,返回值也为整型数
    {
        int c;
        c=a*b;
        return c;
    }
    static double area(double a,double b) //方法二:参数为浮点数,返回值也为浮点数
    {
        double c;
        c=a*b;
        return c;
    }
}
```

【任务 6.7】使用方法,求两个数或三个数的最大值。

【算法分析】

定义两个名都为 max 的有参方法:第一个方法求两个数的最大值,方法有两个参数;另一个方法求三个数的最大值,方法有三个参数。

【代码】

```
public class demo6_7 {
    public static void main(String[] args) {
        int a,b,c;
        a=5;b=7;c=8;
        System.out.print("最大值为:"+max(a,b,c));
    }
    public static int max(int x,int y)//方法一:求两个数的最大值
    {
        if (x>y) return x;
        else return y;
    }
    public static int max(int x,int y,int z)//方法二:求三个数的最大值
    {
        int m=max(x,y);//调用方法一,求前两个数的最大值并赋值给变量 m
        return max(m,z);//再次调用方法一,求变量 m 和第三个数的最大值
    }
}
```

【知识点】

方法重载指的是一个类中可以定义多个相同名字的方法,但参数列表(参数的类型、个数)不同。调用时,会根据参数列表来选择对应的方法。

● ◎ ○
任务5 数组作为方法的参数

【任务 6.8】有一个一维数组,它存放了 10 位学生的成绩,显示所有学生的成绩及平均成绩。

【算法分析】

编写两个方法,要分别显示数组和求数组的平均值:方法 show 显示数组,使用数组为参数名,在方法中对数组元素进行遍历,逐一显示每一个元素;方法 average 求数组的平均值,其参数是数组,返回这个数组的平均值。在方法中对数组元素进行遍历,逐一将数组中的每一个元素累加到变量 sum 中,再用 sum 除以数组元素的个数求得平均值,返回平均值。

【代码】

```java
public class demo6_8 {
    public static void main(String[] args) {
        // TODO Auto-generated method stub
        int arr1[]={89,78,64,88,76,99,100,67,88,90};
        show(arr1);
        System.out.print("平均成绩:"+average(arr1));
    }
    public static void show(int arr[])//显示数组
    {
        for (int i=0;i<=arr.length-1;i++)
            System.out.print(arr[i]+"  ");
    }
    public static double average(int arr[])//求数组的平均值
    {
        double sum,ave;
        sum=0;//设置累加器变量 sum 为 0
        for (int i=0;i<=arr.length-1;i++)
        sum=sum+arr[i];//将数组中的成绩累加到 sum 中
        ave=sum/arr.length;//求平均值
        return ave;
    }
}
```

【知识点】

使用数组名作为方法的参数时,实参与形参都应使用数组名。当数组名作为方法实参时,不是把数组的值传递给形参,而是把实参数组的起始地址传递给形参数组,实参和形参的地址是相同的,即当形参指向的数组元素的值发生变化时,实参对应元素的值也发生了变化,因为它们指向的是同一数组对象。

【课堂训练】

输入10个同学的成绩,要求用方法进行排序(降序)。学生A,B合作完成,他们的分工是这样的:学生A完成主方法的编写,就是完成10个数的输入,调用学生B编写的方法sort( ),就得到排序完成的10个数,然后进行输出;学生B编写方法sort( ),其功能是完成10个数的排序,不负责数据的输入。

习题6 □□□

一、选择题

1.建立方法的目的之一是_____。

A.提高程序的执行效率 　　　　　　　B.实现模块化程序设计

C.减少程序的篇幅 　　　　　　　　　D.减少程序文件所占内存

2.Java语言规定,简单变量做实参时,与对应形参之间的数据传递方式是_____。

A.地址传递 　　　　　　　　　　　　B.由实参传给形参,再由形参传回给实参

C.单向值传递 　　　　　　　　　　　D.以上三种说法都不对

3.以下程序的输出结果是_____。

```
public class temp {
    public static void main(String[] args) {
        int a=5,b=7;
        fun();
        System.out.print(a+","+b);
    }
    public static void fun()
    {
        int a,b;
        a=100;b=200;
    }
}
```

A.100,200　　　　　　B.100,7　　　　　　C.5,7　　　　　　D.5,200

4.以下程序的输出结果是_____。

```
public class temp {
    public static void main(String[] args) {
        int x,a[]={2,3,4,5,6,7,8,9};
        x=f(a,4);
        System.out.println(x);
    }
```

```
public static int f(int b[],int n)
{
    int i,r=1;
    for(i=0;i<=n;i++)
    r=r*b[i];
    return r;
}
}
```

A. 24　　　　　　　B. 120　　　　　　C. 720　　　　　D. 5040

5. 有下面的方法调用语句

```
fun(a+b,3,max(x,y),b);
```

则 fun 的实参个数是_____。

A. 3　　　　　　　B. 4　　　　　　　C. 5　　　　　　　D. 6

二、编程题（要求用方法实现）

1. 编写方法，求任意一个整数的平方。

2. 任意输入一个整数，判断其奇偶性。

3. 找出满足以下条件的所有两位数：(1)能被 3 整除。(2)此两位数至少有一位上的数是 4。

4. 编写两个方法，分别求两个整数的最大公约数和最小公倍数，主程序调用这两个方法，并输出结果，两个整数由键盘输入。

5. 一个班有 20 位同学参加了 Java 语言考试，编写方法，统计出高于平均分的人数，要求在主程序中输入 20 位同学的成绩，在被调方法中统计出高于平均分的人数，将统计的结果在主程序中输出。

6. 试编程：利用海伦公式求三角形的面积。编写两个方法：第一个方法判断能否构成三角形；第二个方法计算三角形的面积，在主程序中输入三个数，调用方法一看是否能构成三角形，若能，则调用方法二。

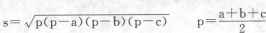

$$s=\sqrt{p(p-a)(p-b)(p-c)} \qquad p=\frac{a+b+c}{2}$$

单元 7 面向对象编程技术基础

1. 理解 Java 类、对象的基本概念及核心思想。
2. 掌握 Java 程序中实现类和对象的方法。
3. 掌握 Java 构造方法的写法及应用。
4. 掌握 Java 语言修饰符（this、static）的含义及用法。
5. 掌握 Java 访问器方法（get、set）的使用。
6. 理解 Java 内部类的概念及使用。

能力目标

1. 培养学生面向对象 Java 语言基础编程能力。
2. 培养学生实际动手调试程序的能力。

任务1 Java面向对象程序的相关概念

【任务 7.1】编写"人"这个类，其包含姓名、性别和年龄三个属性，并为类编写方法——会说话、会行走。

【代码】

```java
public class Person {
    private String name;
    private String sex;
    private int   age;
    public void   speak(){
    System.out.println ("会说话"+ "");
      }
    public String tread(){
    System.out.println("会行走");
      return "会行走";
      }
    public static void main(String[] args) {
```

```
        System.out.println("Java 面向对象的程序设计，人类的创建");
        }
    }
```

【任务7.2】以电话 Phone 为父类（电话有本机号码、打电话、接电话等属性和功能），以固定电话 Fixedphone 为子类。设计并定义这些类，明确它们的继承关系。

【代码】

```
    class Phone {
        private String number;
        public void telCall(){
            System.out.println ("能拨出电话");
        }
        public void recCcall(){
            System.out.println("能接到电话");
        }
    class Fixedphone extends Phone{
        private String phonenumber;   //号码是私有的，设置为 private，不可继承
        public void info(){
            System.out.println("这是固定电话的信息："+this.pnonenumber);
            }
        }
        public static void main(String[] args) {
            System.out.println("Java 面向对象的程序设计，子类的创建");
        }
            }
```

【知识点】

一、对象

在面向对象技术中，对象是一个非常核心的概念。

1. 对象在现实世界中无处不在

不管处于什么样的环境，不可否认的是，您会面对诸多的对象。如果您在学习，书本、电脑、您的同学和您的老师都是对象；如果您在踢足球，足球、场地和球门都是对象；如果您正在吃饭，饭碗、筷子和餐桌都是对象。

2. 对象包含属性和行为

对象的属性用于描述对象的状态、特征及组成部分。下面这些属性用于描述车的特征：车牌号、高度、长度、宽度、颜色、最高时速等。下面的这些属性用于描述车的状态：里程数、是否加速、是否减速、是否上客、是否下客、是否在运行、运行的方向、运行的速度等。下面这些属性用于描述车的组成部分：车的座位、车的发动机和车的投币箱等。对象的行为就是对象能够完成的功能，每个对象都会有自己的行为，行为用于改变对象自身的状态，或者向其他对象发送消息，有时候一个行为会同时包含这两者。

3. 对象具有标识

系统中的每个对象都有自己的编号，这个编号对于系统中的每个对象来说是唯一的，用于

标识这个对象。标识也是一个属性。通常标识是用于描述对象的,这和前面的属性是相同的。标识本身可能有意义,例如车站的站名;标识本身也可能没有意义,仅仅作为标识,例如身份证号用于标识一个人,但是本身没有意义。

4.把对象作为整体来看

在关注对象的时候,通常不仅仅关注它的属性,而且也会关注它的行为。对象的属性用来描述对象的状态或者特征,对象的行为用来描述对象的功能。对象是属性和行为的统一体。如果一个对象只有属性没有行为,那么这个对象就没有实际的意义,在软件系统中也不会把这样的对象作为对象来处理的。如果只有行为,没有属性,就不知道这些行为是干什么用的。所以如构造软件系统,如果系统只有属性或者只有行为,这样的对象肯定有问题,不应该作为对象。对象是对属性和行为的封装。对象是一个整体。使用面向对象思想,不管什么时候都应该把对象作为一个整体。分析任何一个属性或者行为,都不应该脱离对象而存在,对属性和行为的访问都应该通过对象来完成。

5.软件系统中的对象

现实世界中的对象并不一定是软件系统中的对象。公交系统中有大量的对象:汽车、乘客、司机、站牌、候车厅、道路、红绿灯、调度室、刷卡机、投币机、方向盘、车门、座位、车上的扶手、油箱、离合器、穿的衣服等。列出的这些对象仅仅是一部分。如果仔细看某个对象,还会有很多相关的对象。例如您仔细想十字路口,可能会想到红绿灯、每个路口、摄像设备、红绿灯所依赖的电线杆等。想到电线杆,可能还会想到上面的固定设备,如螺丝钉等。如果继续下去,可以想到系统中的更多对象。这么多的对象在软件系统中都需要吗?肯定不是都需要。如果要在软件系统中实现,一方面工作量太大,基本上没有办法实现。另一方面,也是最重要的一方面,很多对象不需要。如果这个对象是必需的,那么不管多么困难也要实现。既然有这么多的对象,有的对象需要在软件系统中实现,有的对象不需要在软件系统中实现,那么如何来选择呢?

每个系统都会有相应的目的,用于解决特定的问题。在考虑某个对象是否为软件系统中的对象的时候,只需关心该对象是否与要解决的问题相关。如何确定哪些对象与系统相关呢?

通常的做法就是仔细分析用户提供的需求文档,这里假设所获得的需求文档是完整的。因为对象都是名词,所以可以从需求文档中来查找这些名词,在获取这些名词的过程中最好不要加入自己的想法,不能因为感觉某个对象好就添加到系统中。

通过对需求文档的分析可以得到很多名词,但是并不是所有这些名词都应该设计成对象。例如,需求中可能有这样一句话"乘客上车后,如果有座位就坐下",这里的名词有"乘客""车"和"座位"。因为乘客有相关的属性和行为,并且在系统中也非常重要,所以应该作为系统的对象。同样,车也有相关的属性和行为,并且也是系统的非常重要的组成部分,所以也应该作为系统的对象。但是,座位没有自己的行为和属性,因为在模拟系统中,不会考虑座位的高度、长度、宽度、形状等,本身也没有什么行为,所以座位就不应该作为系统的对象。

> 注意:
> 这里说"座位"不是对象,只是强调在当前的系统中不是对象。如果在另外一个软件系统中,它可能就是对象了。比如汽车生产商,肯定会考虑座位的形状、颜色、材料等。

6.对象之间的关系

对象之间的关系包括：

- 整体与部分的关系，例如轮胎和汽车的关系；
- 关联关系，例如张三乘坐某一辆公交车。

1)整体与部分的关系

具有这种关系的两个对象之间有比较强的依赖关系，就像上面说的某一辆公交车和轮胎的关系，如果没有轮胎，这个汽车就不能正常运行，也就是说，只要有一辆公交车，它就有轮胎。这种关系在软件系统中如何表现呢？在软件系统中，所有的对象都需要创建，就像现实中对象的产生一样。现实世界中，需要先制造轮胎，然后才能有汽车。在软件系统中也是这样，应该先构建轮胎对象，然后再把轮胎作为组成部分去构建汽车对象，它们之间有一定的顺序。这种关系的对象一旦创建完，都是作为一个整体来使用的，通常情况下不会单独考虑组成部分，如果要考虑组成部分，也是先考虑整体。例如，要修理某个轮胎，通常都会说修车，然后会说车的轮胎，即使直接说轮胎，也会有一个前提，就是某辆车的轮胎。这种关系一旦建立，通常不再改变，或者说生命周期基本相同。

2)关联关系

这种关系的两个对象之间通常没有依赖关系。就像汽车在整个运行过程中，会不停地上客、下客，这样它所搭载的乘客也就在不停地变化。乘客上车了，建立汽车和乘客之间的关联关系。关联关系建立之后，汽车运动，车上的乘客就会跟着运动。乘客下车了，这种关联关系就解除了，汽车的运动不再会对下车的乘客产生影响。在软件系统中，这种关联关系的对象的创建不需要按照一定的顺序，它们的创建是独立的，互不影响。只是在系统运行到某个时间，乘客需要乘坐某辆车了，它们之间就创建了这种关系。如果不乘车了，这种关系就没有了。另外，不像整体与部分的关系，一旦创建基本不再变化，关联关系可以根据需要随时创建，随时解除。

3)关系中的量

一辆汽车有 4 个轮胎，一辆汽车上有 33 个乘客，这里的数字就是关系中的量，汽车和轮胎是 1 对 4 的关系，汽车和乘客是 1 对 33 的关系。不管是整体与部分的关系，还是关联关系，都存在着量。

根据关系中的量可以把关系分为 4 种：

- 一对一；
- 一对多；
- 多对一；
- 多对多。

一对一的关系：关系中的双方都是一个。例如，汽车和司机的关系，一辆汽车在某个时刻只能有一名司机，一名司机在某个时刻只能开一辆车。

一对多的关系：例如汽车和轮胎的关系，一辆汽车有 4 个轮胎，每个轮胎只能属于一辆汽车。

多对一的关系与一对多的关系正好相反。例如汽车和轮胎是一对多的关系，反过来，轮胎和汽车的关系就是多对一的关系。

多对多的关系：例如，公交车的运营线路和站点之间的关系，某一路公交车的运营线路会包含很多站点，某个站点可以同时是多条公交线路的站点。公交线路和站点之间就是多对多的关系。

二、类型

1.类型

人们总是喜欢分类,通过分类可以更好地理解对象。每个对象都属于特定的类型。例如,提到乘客不是指某个特定乘客,车站也不是指某个特定车站。乘客是所有乘坐公交车的人组成的集合,车站也是集合。乘客和车站是不同的类型,而具体的人是乘客这个集合中的一个元素,某个车站是车站集合中的一个元素。从上面的描述可以得出这样一个结论:类型就是一个集合,但是集合不一定是类型。那么什么样的集合才是类型呢?类型应该是由多个具有相同特征的对象组成的集合。提到这个类型就会知道属于这个类型的对象的特征。根据前面的介绍,对象的要素包括对象的属性、行为和标识,同一种类型的对象都应该具有相同的属性、行为,使用相同的标识(例如牌号和身份证号),但是对于具体的某个对象来说,这些属性和标识的值不同,行为可能会有不同的实现。例如,都使用车牌号作为公交车的标识,但是不同的车具有不同的车牌号。另外,类型也可以看作是对对象的抽象,后面将会介绍。

2.类型的层次

类型是由多个对象组成的集合,公交车是由很多公交车组成的集合,同样汽车也是一个类型,是由所有的汽车组成的集合,这个集合也包括了公交车集合。一辆具体的公交车既属于公交车这个集合,又属于汽车这个集合,所以它的类型可以是公交车,也可以是汽车。那么,这两个类型之间有什么关系呢?所有的公交车都是汽车,公交车集合是汽车集合的子集。这两个类型之间的关系称为子类和父类的关系。公交车是子类,汽车是父类。父类所具有的特征子类都有,另外子类具有一些特殊的特征,是父类不具有的。汽车具有的特征公交车都应该有,但是公交车具有自己的比较特殊的一些特征,例如它有具体的线路、始末车时间和发车间隔等。

在由对象组成的现实世界中,这种类的分层到处可见。在 Java 中使用继承来实现类型的层次关系。

3.对象和类型之间的关系

(1)对象是具体的,类型是抽象的。

类型是对一组对象的抽象,提取了这一组对象的共同特征。对象本身是客观存在的,是具体的,而类型则是抽象的,不是一个客观存在。如果说到某个类型,我们会想一个具体的对象是什么样子。类型是抽象的,可以说人类具有姓名、身高和体重等属性,但是不能说人类的身高是多少,只能说某个人(具体的对象)的身高是多少。如果为某个类型的所有属性赋值,将会得到一个具体的对象,对象是类型的实例。在具体应用中,先根据这些具有相同特征的对象抽象出一个类型,在需要的时候,根据类型的特征去描述这个对象。例如,学校里的每个学生都有学号、姓名、生日、课程和班级等属性,所以可以根据这些学生对象抽象出来一个类型学生类,如果要描述一个学生的时候,从这些方面进行描述,这个学生的学号是多少,名字是什么,是哪个班级的,上哪些课程等。

(2)创建的是类型,使用的是对象。

在构建软件系统的时候,不能为现实世界中的每个对象创建一个模型,创建的是表示具有相同特征的对象类型。在系统运行过程中,使用的是具体的对象,也就是说,需要根据类型生成对象,这个过程实际上就是根据对象的特征为类型的每个属性赋值,然后就形成了具体的对象。

三、对象之间的消息传递

系统中对象的状态在不断地变化,这些变化可能是由其他对象的操作引起的,也可能是自身的操作引起的,对象之间的这种关系是通过发送消息来实现的。下面我们详细分析这个过程。

1.对象的状态在不停地变化

一个系统由大量的对象组成,系统的运行过程是对象的状态不断发生变化的过程。例如公交系统中,汽车从始发站出发,经过一段时间会到达终点站,在这个过程中,汽车的位置在不停地变化。汽车到达某一站的时候,会有很多人下车,又会有很多人上车,这样汽车从始发站到终点站的过程中,车上的人数在不停地变化。这些都是汽车的状态在发生变化。

2.对象状态的变化与消息之间的关系

先看一下公交系统中汽车状态的变化和司机操作之间的关系。汽车从始发站到终点站这个过程,汽车的位置信息在发生着不断变化。司机踩刹车,车就可以停下,司机踩油门,车就走了。这些都是司机给汽车的消息,汽车接收到消息之后进行响应。同样,乘客的动作也可以改变乘客的状态。当乘客看到汽车到站的时候,乘客向车门方向移动,乘客的位置就发生变化。乘客上车之后,汽车的移动也会改变乘客的位置。在这两个例子中,司机的操作可以改变汽车的状态,乘客的动作(可以认为是操作)可以改变乘客的状态,前者是改变了其他对象的状态,而后者则是改变了自身的状态。

3.状态的变化会受到约束

考虑这样一种情况,汽车到站了,车门开了,有人上车,有人下车,实际上就是通过乘客的上下车这样的动作改变了汽车的状态(车上人数的变化)。但是车上乘客的数量要受到约束,受车的载客数量的约束,如果车能容纳 50 人,当第 51 个人要上车的时候就不能上了。

4.消息的组成

对象之间的作用是通过发送消息来实现的,要发送一个消息,需要知道以下几个方面:
- 消息的接收者,必须指定消息的接收者;
- 消息的名称,必须指定消息的名称;
- 消息的内容,可选的,根据需要来确定。

在发送消息的时候,必须指定消息的接收者,也就是把消息发送给谁。在汽车到站的时候,有人要下车,这时候司机会向汽车发送一个消息,而不是向乘客发送消息。因为同一个对象可以接收很多消息,可以对很多消息进行处理,所以给对象发送消息的时候必须指定消息的名称。就像上面的例子,发送的消息的名称是"开后门",不能是"开前门"或者"关后门"。有时候向对象发送一个特定的消息,消息的接收者就知道要怎么处理消息,例如向汽车发送关闭前门的消息。但是有时候仅仅有消息的名称还是不够的,想象一下让汽车拐弯的消息,在不同的路口拐弯的角度是不同的。如果是十字路口,拐弯的角度应该是 90°。如果两个路口的夹角不是 90°,拐弯的角度肯定也不是 90°。所以,在向汽车发送拐弯的消息时,需要告诉汽车拐弯的角度,另外还需要告诉汽车一个信息,就是左拐还是右拐。这些就是消息包含的内容。

在 Java 中,消息的发送是通过方法调用来实现的,当然在异步的消息处理机制中,可以通过消息服务器来转发消息。消息的发送是方法调用的过程,消息的接收者是对象本身,消息的名称是对象的方法的名字,而消息的内容可以看作是方法的参数列表。

四、抽象过程

在面向对象技术中，存在着多个抽象过程，这些抽象过程包括：
- 根据现实世界的对象抽象出软件系统中的对象。
- 根据对象抽象出类型。
- 由多个类型抽象出新的类型。
- 抽象多个类型的共同行为。

下面分别对这 4 种抽象过程进行介绍。

1. 根据现实世界的对象抽象出软件系统中的对象

软件系统是对现实世界的模拟，是对现实世界中的某些工作的模拟，由计算机来完成一些原来需要人工完成的任务。如果要构造一个系统，模拟某一路公交系统的运行情况，这时候需要在系统中构造汽车对象，模拟现实世界中的汽车。而现实世界中对象有很多属性，例如汽车有长宽高、重量、颜色、车牌号、投币机、车门、广播、车轮和发动机等。在软件系统中是否需要把这些属性全部模拟？

因为汽车有这么多属性，要想在软件系统中把所有属性都模拟出来是不现实的。既然要模拟现实世界中的汽车，又不能把所有的属性全部模拟出来，那么应该描述哪些属性呢？这就是一个抽象的过程，从现实世界中的具体对象抽象出软件系统中的抽象对象。

抽象的过程实际上就是选择属性和行为的过程，要哪些属性，不要哪些属性，取决于这些属性是否对要构建的系统有用。例如车牌号、车的位置信息、车的运行方向是需要考虑的，而汽车的长度则不需要考虑。同样一个对象在不同的软件系统中的抽象结构是不一样的。如果是公交公司的资产管理系统，可能需要考虑汽车的出厂日期、汽车价格、上次维修时间、出车次数、责任人等。

2. 根据对象抽象出类型

现实世界中存在着大量的系统，例如模拟公交系统中存在大量的公交车，我们不能在系统中去模拟每一辆公交车。通常的做法是构造一个类型，用这个类型来表示这些对象，当需要使用某个对象的时候，可以使用这个类型创建一个对象。构造类型的过程就是对对象的抽象过程。

在使用 Java 语言编写程序的时候，创建的是一个个的类，而程序运行过程则是不断创建对象的过程。

3. 由多个类型抽象出新的类型

在一个系统中会有多个类型存在，并且有些类型之间有一些共同的特征，例如在一个公交线路模拟系统中有司机和乘客这两个类型。模拟系统中司机应该具有的属性包括编号、姓名、驾龄和生日等。模拟系统中乘客应该具有的属性包括编号（为了区分不同的乘客）、名字、生日、工作单位、乘坐的车的编号、出发地、目的地、上车时间和下车时间等。如果这样来构造软件系统表面上看没有问题，但是仔细研究会发现司机和乘客两个类型有一些共同的属性：编号、姓名和生日。除了这些共同属性之外，他们还会有共同的行为。这时候可以把这些相同的属性和行为编写成一个单独的类型，这个类型是提取司机和乘客的共同特征和行为而形成的。相对于司机类型和乘客类型，这个新的类型更抽象，但是具有的属性也更少。称这个新抽象的类为"人员"类。该过程与从多个对象抽象出类型的过程基本相同。要从"人员"类型创建"司机"类型的时候，只需要添加几个司机所具有的特殊属性即可；需要创建"乘客"类型的时候，只需要添加乘客所特有的几个属性和行为即可。这个过程与前面使用类型创建对象的过程类似。这样产生的新的类型和原来的类型之间是继承的关系，"人员"是父类，"司机"和"乘客"是子类。"人员"所具有的属性，"司机"和"乘客"都有。而"司机"和"乘客"具有"人员"所没有的特殊属性。从这几个类型的名字上也比较容易理解这个关系，司机和乘客都属于人员，司机和乘客都是人员的子集。

在 Java 中使用继承来表示上面描述的多个类之间的关系，人员是父类，司机和乘客是子类。这样经过抽象形成的类型也可以有自己的对象。但是有时候经过这样抽象之后的类型不能有自己的对象，Java 中专门提供了抽象类的实现机制。

4. 抽象多个类型的共同行为

有很多不同类型的对象，它们却具有一些共同的行为。例如，前面例子中的乘客能够变换位置信息，而汽车也可以变换位置信息。但是乘客和汽车属于两种完全不同的类型。在软件分析和设计的时候，经常需要把不同类型的对象的共同行为进行抽象，形成一个新的类型。这个类型与前面介绍的父类不同，这里介绍的类型主要用于描述多个不同类型的对象之间的共同行为。在 Java 中有接口的概念，描述的就是对不同类型对象的共同行为进行抽象得到的类型。

五、使用 class 定义类

```
class类名{
    .//类的属性
    .//类的方法
    }
```

class 是声名类的关键字，声名类必须使用该关键字。类名必须满足 Java 标识符的命名规则，另外类名应该满足如下编写习惯：

- 类名首字母大写；
- 如果类名由多个单词组成，每个单词的首字母大写；
- 类名尽可能使用名词；
- 类名尽可能有意义。

下面这些类名是好的用法：User、Order、OrderItem、Student。下面这些类名则是不好的用法：A、user、order。

Java 是面向对象的语言，在文件中不能单独定义方法，方法都是在类中定义的。

六、使用 extend 定义子类

语法格式：

```
class  子类(新类)名  extend  父类(原类)名
    {
    子类新增加的类属性
    子类新增加的类方法
    }
```

在 Java 编程中，用这个定义的形式可以将"父类(原类)名"中的所有特征都自动包含在定义的"子类(新类)名"当中，新的类继承了原有类的所有属性和方法，省去了很多重复的定义。

七、类的访问控制符

类的访问控制符是控制在什么地方可以访问类,什么地方不可以访问类。类的访问控制符有 default(默认)、public(公共)、protected(保护)、private(私有),最常用的有 public 和 default 两种。

```
public  class A{ }
class B{ }
```

上面定义的类 A 就是 public 类型的,类 B 是默认类型的。访问控制符是 public 的类在任何地方都可访问,访问控制符是默认的类只能供同一个包中的类访问。

private 关键字明确表示后面定义的内容为私有的,不管什么类型,在什么地方都不可以访问到。在 Java 中,这个类型的保护最严格,类的数据如果不需要在别的地方使用,那么就会声明为这个类型。

八、类属性和方法的访问控制符

类属性和方法,这里也可称为类成员的数据和方法,其访问控制符有 4 种:public、默认的、protected 和 private。private 类型的成员,只有类自己可以访问。默认类型的成员,类自己可以访问,同一个包的其他类也可以访问。public 类型的成员,类自己、同一个包的其他类、不同包都可以访问。protected 类型的成员,类自己、同一个包的其他类和类的子类可以访问,关于 protected 在继承之后再介绍。

【说明】类自己的方法可以访问类自己的各种类型的成员变量。同一个包中的类能够访问 public 类型和默认类型的成员变量,不同包中的类只能访问 public 类型的成员变量。

【课堂训练】

类定义:定义一个类表示学生,学生的属性包括姓名、年龄、课程和兴趣,学生包含一个方法。显示输出姓名、年龄、课程和兴趣。

任务2　使用 new 实例化对象

【任务 7.3】使用 new 实例化对象,创建一个名字为"张三",年龄为"20",课程为"Java 基础班",兴趣为"Java 编程"的 Student 对象,并输出这个对象的基本信息。

【代码】

```
public class Student {
    String name;
    int   age;
    String course;
    String interest;
    public void display(){
        System.out.println ("姓名:"+name+";年龄:"+age
            +";课程:"+course+";兴趣:"+interest);
        }
    public static void main(String[] args) {
```

```
        Student zhangsan=new Student();
        zhangsan.name="张三";
        zhangsan.age=20;
        zhangsan.course="Java基础班";
        zhangsan.interest="Java编程";
        zhangsan.display();
    }
}
```

【知识点】

一、对象的实例化

前面介绍过,类是对象的抽象,使用类来描述对象具有什么属性和方法,而对象才具有具体的属性值和方法。在程序运行的时候需要创建对象,对象的创建和普通变量的创建类似,创建普通变量要为变量分配内存空间,而创建对象也要为对象分配内存空间,这些内存空间用于存储特定对象的属性。

对象的创建是通过关键字 new 调用类的构造方法完成的,也称为对象的实例化。

实例化对象的语法格式:

```
new 类名()
```

例如要创建 User 类的对象,可以使用下面的代码:

```
new  User();
```

上面的代码就会为对象分配空间,Java 虚拟机把内存分成了多个部分来保存程序运行中的各种信息,其中对象是存储在堆中的。因为同一个类的方法是相同的,所以在为对象分配空间的时候,只为成员变量分配内存。

在堆中创建的对象是不能直接访问的,也就是说,只使用了 new User()代码,尽管在内存中创建了对象,但是这个对象是没有办法访问的。

二、通过对象引用访问对象

上面提到使用 new 创建的对象不能直接访问,要想访问创建的对象,需要创建对象引用,要访问什么样的对象就创建什么类型的引用,要访问 User 对象就创建 User 类型的引用,要访问 Circle 对象就创建 Circle 类型的引用。

对象引用的创建方式与普通变量的创建方式相同。

创建对象引用的格式:

```
类型名  引用名 ;
```

类型名必须是已经存在的类型,引用名与普通变量类似。要创建 User 类型的引用,使用:

```
User user;
```

User 是引用类型,user 是引用的名字,创建对象引用之后,就可以把引用指向具体对象,例如下面的代码:

```
User user= new  User();
```

该代码使用 new User()创建了一个 User 对象,使用 User user 创建了一个 User 类型的引用 user,然后把 user 指向创建的 User 对象。对象存储在堆中,而对象引用存储在栈中,引用的值是对象的地址。接下来我们通过下面的 4 行代码来分析对象和引用之间的关系。

```
User user1=new  User();
user1=new  User();
User  user2=new  User();
user2=user1;
```

第 1 行代码使用 new User()创建了一个 User 对象,然后创建对象引用 user1,并把 user1 指向新创建的实例。新创建的实例位于堆中,而引用 user1 则位于栈中。

第 2 行代码使用 new User()创建了一个新的实例,然后把 user1 指向了新创建的实例。

第 3 行代码使用 new User()创建了一个新的实例,然后创建对象引用 user2,并把 user2 指向新创建的实例。

第 4 行代码把 user2 指向了 user1 指向的对象,也就是 user1 和 user2 指向了同一个实例,但是第 1 个对象和第 3 个对象都不能访问了,因为没有引用指向它们,Java 提供的垃圾回收机制会释放这两个对象占用的内存。图 7.1 说明了 4 行代码执行过程中对象在内存中的情况。

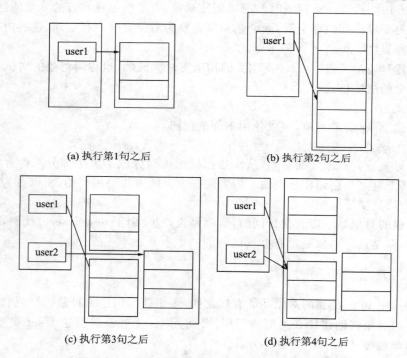

(a) 执行第1句之后   (b) 执行第2句之后

(c) 执行第3句之后   (d) 执行第4句之后

图 7.1   4 行代码执行过程中对象在内存中的情况

有了对象引用就可以通过引用访问对象的属性及对象的方法。

访问对象的属性的语法格式:

    对象引用.属性名

"."是访问对象属性和方法的操作符,例如要访问 user1 所指向的对象的 username 属性,可以使用:user1. username。

要输出这个属性的值,可以使用:

```
system.Out.Print1n(user1.username);
```

要对这个属性赋值,可以使用:

```
user1.username=张三;
```

访问对象的方法的语法格式:

对象引用.方法名

例如要访问 user1 的 print 方法,可以使用:

```
userl.print();
```

说明:

在访问属性和方法的时候是通过对象引用进行的,如果在对象引用没有指向某个具体实例的时候我们去访问对象的属性和方法,会产生异常,这个异常是 NullPointerException。所以,在通过引用访问对象的属性和方法的时候,必须保证这个引用指向了某个实例。

【记住】通过"对象名.属性名"和"对象名.方法名"访问对象的属性和方法。

【课堂训练】

1.(1)创建一个 Rectangle 类,添加 width 和 height 两个成员变量。

(2)在 Rectangle 中添加两种方法,分别计算矩形的周长和面积。

(3)编程:利用 Rectangle 输出一个矩形的周长和面积。

2.定义一个圆柱体类,并创建相应对象,然后计算圆柱体的底面积与体积。

任务3　方法重载与构造方法

【任务 7.4】调试代码,领会方法重载的应用。

【代码】

```java
public classSum {
        static int add(int x,int y){
            return x+y;}
        static int add(int x,int y,int z){
            return x+y+z;}
        static  float  add(float  x,float  y){
            return x+y;
            }
        public static void main(String[] args) {
        System.out.println(add(2,3));
        System.out.println(add(2,3,4));
        System.out.println(add(2.2f,3.5f));
        }
    }
```

【任务 7.5】为 Person 类添加构造方法(隐式无参构造方法、显式无参构造方法)。

【代码】

```java
public class Person {
        private String name;
```

```
            private boolean sex;
            private int   age;
            public Person() {         //显式定义一个无参的构造方法
                System.out.println("我是显式的无参构造方法!");
            }

        public void tread(){
            System.out.println("走走走...");
            }
        public static void main(String[] args) {
            Person person=new Person();       //调用系统提供的一个隐式无参构造方法
            person.tread();
        }
    }
```

【任务 7.6】为 Person 类添加显式有参构造方法和自定义方法。

【代码】

```
    public class Person {
            private String name;
            private boolean sex;
            private int   age;
            public Person(String n,Boolean b,int a) {        //参数化构造方法
                name=n;
                sex=b;
                age=a;
            }
            public void   speak(String word){      //自定义有参数无返回值类型的方法
            System.out.println (name+"说:"+word);
            }
            public void tread(){              //自定义无参数无返回值类型的方法
            System.out.println("走走走...");
            }
        public static void main(String[] args) {
            Person person=new Person("张三",true,18);
        //用 new 来调用该类的显式有参构造方法,注意参数的匹配问题
            person.tread();
                person.speak("你好");
        }
    }
```

【知识点】

一、方法重载

方法重载是在同一个类体中有多个名称相同的方法,但这些方法具有不同的参数列表(或参数的个数不同,或参数的类型不同)。

方法重载是一种静态多态,有时也称为"编译时绑定"。编译器习惯上将重载的这些方法确认为不同的方法,因此它们可以存在于同一作用域内。调用时,根据不同的方法调用格式自动判断、定位到相应的方法定义地址。使用方法重载,会使程序功能更清晰,易理解,并使得调用形式简单。

构造方法是根据需要自行定义的,具有不同参数列表的构造方法可以构成重载的关系。

二、构造方法

在创建实例的时候会调用构造方法,通过 new 操作符创建,前面的例子我们已经通过构造方法创建对象;new 后面的 Person() 就是构造方法,只要创建对象就要调用构造方法。

构造方法的特点如下:
- 方法名和类名一致;
- 构造方法不需要返回值;
- 不能通过对象名来访问,只能通过 new 来访问。

构造方法中的主要代码是对成员变量初始化。在前面的例子中,我们没有为类提供构造方法,但是我们使用了构造方法。事实上,这个构造方法是系统提供的。每个类都有构造方法,如果用户没有定义,系统会提供一个无参数的构造方法。如果用户自己定义了构造方法,系统将不再提供无参数的构造方法。一个类可以有多个构造方法,多个构造方法的参数不同,相当于为用户提供了多种不同的创建对象的方法。

Person 类提供了 3 类构造方法:隐式无参构造方法(默认构造方法)、显式无参构造方法和显式有参构造方法。这里的隐式无参构造方法没有提供任何代码实现,但是写出来是有必要的,如果不写,将不能使用 new Person() 来创建对象。

三、成员变量的初始化

构造方法用于对成员变量进行初始化,如果在构造方法中没有对某个成员变量进行初始化,则系统会给定默认值。如果是基本类型的成员变量,给定的默认值如下。
- char 类型:编码为 0 的字符。

数字(byte short int long):0。
- float 类型和 double 类型:0.0。
- 布尔类型:false。
- 如果是引用类型的成员变量(非基本类型),则给定默认值为 null。

在方法中定义的局部变量是没有初始值的,如果局部变量没有初始化就使用,系统会产生编译错误。

【记住】成员变量具有默认值。

任务4 this 关键字

【任务 7.7】调试下列程序,分析运行结果。

【代码 1】使用 this 访问成员变量和方法。

```
public class Person {
    String name;
    int age;

    public Person(String name, int age) {
        this.name=name;
        this.age=age;
    }

    public static void main(String[] args) {
        Person c=new Person("Peter", 17);
        System.out.println(c.name+"is" +c.age+"years old! ");
    }
}
```

【代码 2】使用 this 调用构造方法。

```
class  Person {
    private String name;
    private int age;
    public  Person(){
        System.out.println("新对象实例化" );
    }
    public Person(String  name){
        this();
        this.name=name;}
public Person(String  name,int  age){
        this();
this.name=name;
this.age=age;
}
public  String getInfo() {
        return   "姓名:"+name+",年龄:"+age;
        }
    public static void main(String[] args) {
        Person per=new Person("孙娜",33);
        System.out.println(per.getInfo());
    }
}
```

【代码 3】使用 this 表示当前对象。

```
class  Person {
    private String name;
    private int age;
    public Person(String  name,int age){      //构造方法为属性赋值
        this.setName(name);
```

```
            this.setAge(age);
        }
        public boolean compare(Person per){
//调用此方法时里面存在两个对象：当前对象、传入的对象
            Person p1=this;    //表示当前调用方法的对象为per1
            Person p2=per;      //传递到方法中的对象为per2
            if(p1==p2){         //用地址比较是不是同一个对象
                return true;
            }                   //之后判断每一个属性是否相等
            if(p1.name.equals(p2.name)&&p1.age==p2.age){
                return true;
            }else{
                return false;
            }
        }
        public void setName(String  name){
            this.name=name;}
        public void setAge(int  age){
            this.age=age;}
        public  String  getName(){
            return this.name;}
        public int getAge(){
            return this.age;}

        public static void main(String[] args) {

            Person per1=new Person("王娜",33);
            Person per2=new Person("王娜",33);
            if(per1.compare(per2)){
                System.out.println("两个对象相等!");
                }else{
                System.out.println("两个对象不相等!");
            }
        }
    }
```

【知识点】

一、用 this 访问成员变量和方法

正常情况下,访问某个对象的属性和方法,通过"对象名.属性名"和"对象名.方法名"访问成员变量和成员方法。例如:

```
    String   name;
    System.out.println(name.1ength());
```

请阅读以下代码:

```
class   User{
String   username;
String   userpass;
Int      age;
void   print(){
System.out.print1n(username+"   "+userpass+"   "+age);
           }

       }
```

在这个类的 print 方法中,使用了 username、userpass 和 age 变量,这里为什么没有给出对象名呢?因为在编写类的时候不知道对象的名字,对象在运行之后才会产生。每个 User 对象都有自己的 username 属性、userpass 属性和 age 属性,同样也有自己的 print 方法,那么代码中的 username 属性、userpass 属性和 age 属性应该属于哪个对象呢?应该是当前方法(print 方法)所属的对象,为了表示当前方法所在的这个对象,Java 提供了 this 关键字,用来 表示当前对象。可以通过 this 访问该对象的所有的成员变量和成员方法。上面的代码中没有使用 this 访问 username 属性、userpass 属性和 age 属性,是把 this 省略了,上面的 print 方法也可以写成下面的形式。

```
void   print(){
System.out.println(this.username+"   "+this.userpass+"   "+this.age);     }
```

那么什么时候必须用 this 呢?当局部变量与成员变量重名的时候必须使用 this。例如,类中有成员变量 username,而方法的形参的名字也是 username。看下面的代码:

```
Public   User(String   username){
this.username=username;
    }
```

如果直接写成 username=username,赋值过程无效。

【记住】this 表示当前对象。

二、使用 this 访问自身的构造方法

如果在两个构造方法中有一些重复的代码,并且希望能够共享这些代码,该怎么办呢?例如:

```
Public   Book(String isbn){
        this.isbn=isbn;}
Public   Book(String isbn,String name,double price){
this.isbn=isbn;
this.name=name;
this.price=price;
                }
```

两个构造方法中都有 this.isbn =isbn,如何重用呢?可以通过 this 访问类自己的其他构造方法。用法与调用其他方法不同。上面的代码可以改写成:

```
Public   Book(String isbn){
  this.isbn=isbn;}
    Public   Book(Stringisbn,Stringname,doubleprice){
this(isbn);
```

```
            this.name=name;
    this.price=price;
                                      }
```

【记住】只能在构造方法中通过 this 调用自己的构造方法,并且这个调用必须只能出现在第一行。什么情况下要调用自己的构造方法呢? 当两个构造方法有很多重复代码的时候,例如下面的代码:

```
public A(int a,int b,int c,int d){
    this.a=a;
    this.b=b;
    this.c=c;
    this.d=d;
}
public A(int a,int b,int c,int d,int e){
    this.a=a;
    this.b=b;
    this.c=c;
    this.d=d;
    this.e=e;
}
```

这时候,第二个构造方法就可以调用第一个构造方法,写成:

```
public A(int a,int b,int c,int d,int e){
        this(a,b,c,d);
        this.e=e;
    }
```

调用自身的构造方法的主要目的在于共享代码。

三、访问器方法

访问器方法用于对属性进行访问,包括 set 方法和 get 方法。

set 方法:方法名通常为 set + 属性名,但是把属性名首字母改成大写,例如,属性 userName 对应的方法名为 setUserName,方法的参数类型与属性的类型相同,方法的返回值为 void,访问控制符为 public(通常情况下)。

get 方法:方法名 get + 属性名,但是把属性名首字母改成大写,例如属性 userName 对应的方法名是 getUserName,不需要参数,返回值类型与属性类型相同,访问控制符为 public。

通常成员变量都是私有的,为了供外界访问,必须提供公有的方法,包括获取属性值的方法 get 方法和对属性赋值的方法 set 方法。

对属性 username 进行访问的 set 方法和 get 方法如下。

```
public void setUserName(String userName){
        this.userName=userName;}
public String getUserName(  ){
        return  userName;
        }
```

● ◎ ○
任务 5　　static 关键字

【任务 7.8】调试以下代码，分析程序运行结果。

【代码 1】使用 static 声明全局属性。

```
class  Person {
    String name;
    int age;
    static String country= "A 城";
    public Person(String  name,int age){
        this.name=name;
        this.age=age;
    }
    public void info(){
        System.out.println("姓名:"+this.name+",年龄:"+this.age+",城市:"+
country);
    }


public static void main(String args[]) {
        Person p1=new Person("王娜",33);
        Person p2=new Person("李华",30);
        Person p3=new Person("张咪",34);
    p1.info();
    p2.info();
    p3.info();
    System.out.println("(-------------------- )");
    p1.country="B 城";
    p1.info();
    p2.info();
    p3.info();
    System.out.println("(-------------------- )");
    p1.country="C 城";
    p1.info();
    p2.info();
    p3.info();
    }
}
```

【代码 2】使用 static 声明类方法。

```
class  Person {
    private String name;
    private int age;
    private static String country="A 城";
    public   static   void setCountry(String c){
        country=c;
        }
    public   static String getCountry(){
        return country;
    }
    public Person(String name,int age){
        this.name=name;
        this.age=age;
    }
    public void info(){
        System.out.println ("姓名:"+ this.name +",年龄:"+ this.age +", 城市:"+
country);
    }

    public static void main(String args[]) {
    Person p1=new Person("王娜",33);
    Person p2=new Person("李华",30);
    Person p3=new Person("张咪",34);
    p1.info();
    p2.info();
    p3.info();
    Person.setCountry("B 城");
    System.out.println("(-------------------- )");
    p1.info();
    p2.info();
    p3.info();
    }
}
```

【知识点】

　　static 表示静态,可以修饰成员变量,也可以修饰成员方法。什么时候应该使用 static 呢?如果某个成员变量和类的具体对象没有关系,应该使用 static。例如,Math. PI,圆周率和具体的对象没有关系。如果类的某个方法不需要访问对象的任何属性,也就是说,和对象属性没有关系,可以使用 static。例如,Math 类的 max 方法,要计算两个数值的最大值和 Math 对象属性无关。再例如 Arrays 的 sort 方法,对参数传入的数组进行排序,排序过程与 Arrays 类成员变量无关。静态方法经常出现在工具类中。

　　对于静态方法的访问,可以通过类名,也可以通过对象名,建议通过类名访问静态方法。static 静态方法只能访问 static 静态成员。

【课堂训练】

上机调试以下代码,分析运行结果

```java
class Cylinder {
    private   static double pi=3.14;
    private double radius;
    private int height;
    public Cylinder(double r,int h)
        { radius=r;
        height=h;}
    public void setCylinder(double r,int h)
        {radius=r;
        height=h;}
    double volume()
    {return pi* radius* radius* height;}
public static void main(String[] args) {
    Cylinder   volu1,volu2;
    volu1=new Cylinder(2.5,5);
    System.out.println("圆柱 1 的体积="+volu1.volume());
    volu2=volu1;
    volu2.setCylinder(1.0,2);
    System.out.println("圆柱 2 的体积="+volu1.volume());
    }

}
```

任务6 内 部 类

【任务 7.9】调试以下代码,分析程序运行结果。

【代码 1】内部类的基本结构。

```java
//外部类
class Out {
    private int age = 12;

    //内部类
    class In {
        public void print() {
            System.out.println(age);
        }
    }
```

```
    }

    public class Demo {
        public static void main(String[] args) {
            Out.In in=new Out().new In();
            in.print();
            //或者采用下面方式访问
            /*
            Out out=new Out();
            Out.In in=out.new In();
            in.print();
            */
        }
    }
```

【代码 2】内部类中的变量访问形式。

```
    class Out {
        private int age=12;

        class In {
            private int age=13;
            public void print() {
                int age=14;
                System.out.println("局部变量:"+age);
                System.out.println("内部类变量:"+this.age);
                System.out.println("外部类变量:"+Out.this.age);
            }
        }
    }

    public class Demo {
        public static void main(String[] args) {
            Out.In in=new Out().new In();
            in.print();
        }
    }
```

【代码 3】静态内部类。

```
    class Out {
        private static int age = 12;

        static class In {
            public void print() {
                System.out.println(age);
            }
```

```
        }
    }
    public class Demo {
        public static void main(String[] args) {
            Out.In in=new Out.In();
            in.print();
        }
    }
```

【代码 4】私有内部类。

```
    class Out {
        private int age=12;

        private class In {
            public void print() {
                System.out.println(age);
            }
        }
        public void outPrint() {
            new In().print();
        }
    }

    public class Demo {
        public static void main(String[] args) {
            //此方法无效
            /*
            Out.In in=new Out().new In();
            in.print();
            */
            Out out=new Out();
            out.outPrint();
        }
    }
```

【代码 5】方法内部类。

```
    class Out {
        private int age=12;

        public void Print(final int x) {
            class In {
                public void inPrint() {
                    System.out.println(x);
                    System.out.println(age);
                }
            }
```

```
        }
        new In().inPrint();
    }
}


public class Demo {
    public static void main(String[] args) {
        Out out=new Out();
        out.Print(3);
    }
}
```

【知识点】

内部类是指在一个外部类的内部再定义一个类。类名不需要和文件夹相同。

内部类可以是静态 static 的，也可用 public,default,protected 和 private 修饰。（而外部顶级类即类名和文件名相同的只能使用 public 和 default）。

内部类是一个编译时的概念，一旦编译成功，就会成为完全不同的两类。对于一个名为 outer 的外部类和其内部定义的名为 inner 的内部类，编译完成后出现 outer.class 和 outer $inner.class 两类。所以，内部类的成员变量/方法名可以和外部类的相同。

内部类不是很好理解，其实就是一个类中还包含着另外一个类，如同一个人是由大脑、肢体、器官等身体结构组成，而内部类相当于其中的某个器官之一，例如心脏：它也有自己的属性和行为（血液、跳动），显然，此处不能单方面用属性或者方法表示一个心脏，而需要一个类，而心脏又在人体当中，正如同是内部类在外部类当中。

从代码 1 不难看出，内部类其实严重破坏了良好的代码结构，但为什么还要使用内部类呢？因为内部类可以随意使用外部类的成员变量（包括私有的）而不用生成外部类的对象，这也是内部类的唯一优点。如同心脏可以直接访问身体的血液，而不是通过医生来抽血。

从代码 2 中可以发现，内部类在没有同名成员变量和局部变量的情况下，内部类会直接访问外部类的成员变量，而无须指定 Out.this.属性名。否则，内部类中的局部变量会覆盖外部类的成员变量。而访问内部类本身的成员变量可用 this.属性名，访问外部类的成员变量需要使用 Out.this.属性名。

从代码 3 可以看到，如果用 static 将内部类静态化，那么内部类就只能访问外部类的静态成员变量，具有局限性。其次，因为内部类被静态化，因此 Out.In 可以看作一个整体，可以直接 new（创建）出内部类的对象（通过类名访问 static，生不生成外部类对象都没关系）。

从代码 4 中可以发现，如果一个内部类只希望被外部类中的方法操作，那么可以使用 private 声明内部类。上面的代码中，我们必须在 Out 类里面生成 In 类的对象进行操作，而无法再使用 Out.In in ＝new Out().new In() 生成内部类的对象。也就是说，此时的内部类只有外部类可控制。如同一个人的心脏只能由这个人的身体控制，其他人无法直接访问它。

在代码 5 中，我们将内部类移到了外部类的方法中，然后在外部类的方法中再生成一个内部类对象去调用内部类方法。如果此时我们需要往外部类的方法中传入参数，那么外部类的方法形参必须使用 final 定义。final 在这里没有特殊含义，只是一种表示形式而已。

任务7 综合实例

【任务7.10】定义一个 Student 类，包含的属性有"学号""姓名"，以及"英语""数学""计算机"科目成绩，设计获取总成绩、平均成绩、最高成绩、最低成绩的方法。

（1）根据要求写出类所包含的所有属性，所有属性需要进行封装（private），封装后的属性通过 set 方法和 get 方法设置和获取。

（2）设置与使用构造方法，根据任务要求添加相应方法，类中所有定义的方法不要直接输出结果，而是交给被调用处输出。

（3）应用 this 和 static 关键字。

（4）Student 类中的属性及类型如表7.1所示。

表7.1 Student 类中的属性及类型

序号	属性	类型	名称
1	学号	String	stuno
2	姓名	String	name
3	英语	float	english
4	数学	float	math
5	计算机	float	computer

（5）需要的普通方法和构造方法如表7.2所示。

表7.2 需要的普通方法和构造方法

序号	方法	返回值类型	作用
1	public void setStuno(String s)	void	设置学生学号
2	public void setName(String n)	void	设置学生姓名
3	public void setMath(float m)	void	设置学生数学成绩
4	public void setEnglish(float e)	void	设置学生英语成绩
5	public void setComputer(float c)	void	设置学生计算机成绩
6	public String getStuno( )	String	获取学生学号
7	public String getName( )	String	获取学生姓名
8	public float getMath( )	float	获取学生数学成绩
9	public float getEnglish( )	float	获取学生英语成绩
10	public float getComputer( )	float	获取学生计算机成绩
11	public float sum( )	float	计算总成绩
12	public float avg( )	float	计算平均成绩
13	public float max( )	float	计算最高成绩
14	public float min( )	float	计算最低成绩
15	public Student( )	无	无参构造方法
16	public Student(String s, String n, float m, float e, float c)	无	有参构造方法

【代码】

```
class Student{
    private String stuno;
    private String name;
    private  float  math ;
    private  float  english;
    private  float  computer;
    public  Student(){ }
    public  Student(String s,String n,float m,float e, float c){
                this.setStuno(s);
                this.setName(n);
                this.setMath(m);
                this.setEnglish(e);
                this.setComputer(c);

}
public void setStuno(String s){
    stuno=s;
}
public void setName(String  n){
    name=n;
}
public void setMath(float  m){
    math=m;
}
public void setEnglish(float  e){
    english=e;
}
public void setComputer(float  e){
    computer=c;
}
public String getStuno(){
    return stuno;
}
public String getName(){
    return name;
}
public float  getMath(){
    return math;
}
public float  getEnglish(){
```

```
        return english;
    }
    public  float  getComputer(){
        return  computer;
    }
    public float sum(){
        return  math+English+computer;
    }
    public float  avg(){
        return  this.sum() /3;
    }
    public float max(){
        float  max=math;
max=max>computer?max:computer;
max=max>english?max:english;
return max;
    }
    public float min(){
float  min=math;
min=min<computer?min:computer;
min=min<English?min:english;
return min;
    }
}
```

测试类代码结果：

```
public class ExampleDemo{
public static void main(String args[]){
Student=stu=null;
stu=new Student("xsbh12345","张三",95.0f,90.0f,89.0f);
System.out.println("学生学号:"+stu.getStuno());
System.out.println("学生姓名:"+stu.getName());
System.out.println("数学成绩:"+stu.getMath());
System.out.println("英语成绩:"+stu.getEnglish());
System.out.println("计算机成绩:"+stu.getComputer());
System.out.println("最低分:"+stu.stu.min());
System.out.println("最高分:"+stu.max());
System.out.println("总分:"+stu.sum());
    }
}
```

习题7 □□□

一、选择题

1. 下面对方法的作用描述不正确的是_____。

A. 使程序结构清晰　　B. 功能复用　　　　C. 代码简洁　　　　D. 重复代码

2. 方法内定义的变量_____。

A. 一定在方法内所有位置可见　　　　B. 可能在方法内的局部位置可见

C. 在方法外可以使用　　　　　　　　D. 在方法外可见

3. 方法的形参_____。

A. 可以没有　　　　　　　　　　　　B. 至少有一个

C. 必须定义多个形参　　　　　　　　D. 只能是简单变量

4. 方法的调用_____。

A. 必须是一条完整的语句　　　　　　B. 只能是一个表达式

C. 可能是语句,也可能是表达式　　　　D. 必须提供实际参数

5. return 语句_____。

A. 不能用来返回对象　　　　　　　　B. 只可以返回数值

C. 方法都必须含有　　　　　　　　　D. 一个方法中可以有多个 return 语句

6. void 的含义是_____。

A. 方法体为空　　　　　　　　　　　B. 方法体没意义

C. 定义方法时必须使用　　　　　　　D. 方法没有返回值

7. main()方法的返回类型是_____。

A. boolean　　　　B. int　　　　　　C. void　　　　　D. static

8. 不允许作为类及类成员的访问控制符的是_____。

A. public　　　　　B. private　　　　C. static　　　　D. protected

9. _____访问修饰符可允许其他类对某个方法进行调用。

A. public　　　　　　　　　　　　　B. private

C. 默认的　　　　　　　　　　　　　D. 以上答案都不对

10. 使用_____可以获得某个实例变量的值。

A. get 方法　　　　　B. return 语句　　C. 值的方法　　　D. set 方法

11. 一个 private 实例变量不能_____。

A. 在声明时被初始化　　　　　　　　B. 在所声明类的外侧被初始化

C. 在某个构造方法之内初始化　　　　D. 初始化为默认值

12. 构造方法和普通方法之间的一个重要区别是_____。

A. 构造方法不能指定返回值类型

B. 构造方法不能指定任何参数

C. 同一文件中,构造方法位于其他方法之前

D. 构造方法能够向实例变量赋值

13. 一个类可得到许多_____,正如一个基本类型可得到许多变量一样。

A. 名称　　　　　　　　B. 对象　　　　　　　C. 值　　　　　　　　D. 类型

14. set 方法能够为开发人员_____。

A. 提供校验的范围　　　　　　　　　B. 修改数据

C. 提供数据验证　　　　　　　　　　D. 以上答案都正确

15. 对静态成员(用 static 修饰的变量或方法)的不正确描述是_____。

A. 静态成员是类的共享成员

B. 静态变量要在定义时就初始化

C. 调用静态方法时要通过类或对象激活

D. 只有静态方法可以操作静态属性

16. 创建对象的关键字是_____。

A. errupt　　　　　　　B. set　　　　　　　C. new　　　　　　　D. create

17. 下列关于类、包和源文件的描述中,不正确的一项是_____。

A. 一个包可以包含多个类

B. 一个源文件中,可能有一个公共类

C. 属于同一个包的类在默认情况下可以相互访问

D. 系统不会为源文件创建默认的包

18. 下列关于类、包和源文件的说法中,错误的一项是_____。

A. 一个文件可以属于一个包　　　　　B. 一个包可包含多个文件

C. 一个类可以属于一个包　　　　　　D. 一个包只能含有一个类

19. 有关类的说法正确的是_____。

A. 类具有封装性,所以类的数据是不能被访问的

B. 类具有封装性,但可以通过类的公共接口访问类中的数据

C. 声明一个类时,必须用 public 修饰符

D. 每个类中,必须有 main 方法,否则程序无法运行

20. 下面对对象概念的描述错误的是_____。

A. 操作是对象的动态属性　　　　　　B. 任何对象都必须有继承性

C. 对象间的通信靠消息传递　　　　　D. 对象是属性和方法的封装体

二、填空题

1. 创建类的对象时,使用运算符_____给对象分配存储空间。

2. Java 中所有类都是类_____的子类。

3. 定义类的构造方法不能有返回值类型,其名称与_____名称相同。

4. 如果源文件包含 import 语句,则该语句必须是_____和_____外的第一个语句行。

5. 如果某源文件包含 package 语句,则该语句必须是_____非空、非注释行。

6. 表示数据或方法只能被本类访问的修饰符是_____。

7. 下面是一个类的定义,请完成程序填空。

```
public class _____
{
    int x,y;
    Myclass ( int _____, int _____ )    // 构造方法
    {
        x=i;    y=j;
    }
}
```

8. 下面是一个类的定义，请将其补充完整。

```
class _____ {
    String name;
    int age;
    Student( _____ s, int i) {
        name=s;
        age=i;
    }
}
```

9. 下面程序的功能是通过调用方法 max() 求给定的三个数的最大值，请将其补充完整。

```
public class Class1{
    public static void main( String args[] ){
        int  i1=1234,i2=456,i3=-987;
        System.out.println("三个数的最大值、"+ _____ );
    }
    public static   int max(int x,int y,int z)
    {  int temp1,max_value;
        temp1=x>y? x:y;
        max_value=temp1>z?temp1:z;
        return max_value;
    }
}
```

10. 阅读下列程序，写出程序运行的结果：

```
class Cube{
    int width;
    int height;
    int depth;
    Cube(int x,int y,int z){
        this.width=x;
```

```
        this.height=y;
        this.depth=z;
        }
    public int vol(){
        return width* height*depth;}}
    public class UseCube {
        public static void main(String[] args) {
    Cube a=new Cube(3,4,5);
        System.out.println("长度="+a.width);
        System.out.println("体积="+a.vol());
        }
    }
```

程序运行结果为：_____

三、编程题

1. 设计一个类 Triangle，从键盘输入三个数值作为三角形的三条边长。设计相应的方法判断三角形是否成立；判断三角形的类型(等边三角形、等腰三角形和任意三角形)，计算三角形的面积和周长。面积的计算公式为 s＝(a＋b＋c)/2；area＝Math. sqrt(s * (s－a) * (s－b) * (s－c))；设计一个主类，调用 Triangle 类中相应的方法，并打印出相应的结果。

2. 定义一个名为 Rectangle 的类表示长方形，它包含 double 类型的长 length 和宽 width 两个私有成员变量，计算长方形面积的成员方法 area()，分别对数据成员添加 set 和 get 方法，在主类 RectangleDemo 的 main() 中，通过 set 和 get 方法来访问 Rectangle 类对象的数据成员。

3. 定义一个名为 hhe 的类表示长方体，它包含 int 类型的长 length、宽 width 和高 high，计算长方体的体积的成员方法 tiJi()，分别对数据成员添加 set 和 get 方法，在主类 qiuZhi 的 main() 中，通过 set 和 get 方法来访问 hhe 类对象的数据成员。

4. 设计一个 people 类，它包含 name，sex，age，high 属性，有相应的构造方法，分别对数据成员添加 set 和 get 方法，在主类 xianShi 的 main() 中，通过 set 和 get 方法来访问 people 类对象的数据成员。

5. 编写一个方法，接收一个整数作为参数，此方法会找出其最大值、最小值和平均值。

6. 定义一个 bus 类，里面有 speed 和 number 属性。运用构造方法和 get、set 方法。定义一个 bus2 的子类，并继承父类的方法。计算 bus 的速度和人数。

7. 创建两个 Student 类的对象，比较二者年龄，输出其中年龄大的学生的姓名。

8. 乐器(instrument)分为钢琴(piano)、小提琴(violin)，这两种乐器的弹奏(play)方法各不相同。编写一个测试类 InstrumentTest，要求：编写方法 testPlay，对这两种乐器进行弹奏测试。要依据乐器不同，进行相应的弹奏测试。在 main() 方法中进行测试。

9. 编写程序，模拟银行账户功能。属性有账号、储户姓名、地址、存款余额、最小余额。方法有存款、取款、查询。根据用户操作，显示储户相关信息。如存款操作后，显示储户原有余额、今日存款数额及最终存款余额；取款时，若最后余额小于最小余额，拒绝取款，并显示"至少保留余额×××"。

习题参考答案

习题 1

一、选择题
1. D　2. C　3. B　4. B　5. C　6. D　7. C

二、简答题

1. Java 是一个支持网络计算的面向对象程序设计语言。Java 吸收了 Smalltalk 语言和 C++语言的优点，并增加了其他特性，如支持并发程序设计、网络通信和多媒体数据控制等。主要特性有简单、面向对象、分布性、鲁棒性、安全性、体系结构中立、可移植性、解释执行、高性能、多线程、动态性。

2. Java 平台分为三个体系，分别为 Java SE、Java EE 和 Java ME。

Java SE：Java 的标准版，是整个 Java 的基础和核心，也是 Java EE 和 Java ME 技术的基础，主要用于开发桌面应用程序。本书所有内容都是基于 Java SE 的。

Java EE：Java 的企业版，它提供了企业级应用开发的完整解决方案，比如开发网站，还有企业的一些应用系统，是 Java 技术应用最广泛的领域。

Java ME：Java 的微缩版，主要应用于嵌入式开发，比如手机程序的开发。

习题 2

一、选择题
1. C　2. B　3. A　4. C　5. C　6. D　7. B　8. C　9. C　10. D

二、填空题
1. x>=y&&y>=z　2. 1231　124　2　2.5　3. 111　4. 10.5　11　5. 错误

三、编程题

1.

```
import java.util.Scanner;
public class Demo1 {
    public static void main(String[] args) {
        double r,h,s;
        Scanner input=new Scanner(System.in);
        System.out.print("请分别输入三角形的底和高:");
        r=input.nextDouble();
        h=input.nextDouble();
        s=r*h/2;
        System.out.println("三角形的面积是"+s);
    }
}
```

2.

```
import java.util.Scanner;
public class Demo2 {
    public static void main(String[] args) {
        int number,hour,minute;
        System.out.print("请输入要转换的分钟数:");
        Scanner input=new Scanner(System.in);
        number=input.nextInt();
        hour=number/60;
        minute=number%60;
        System.out.println(hour+"小时"+minute+"分钟");
    }
}
```

3.

```
public class Demo3 {
    public static void main(String[] args) {
        char c1='c',c2='h',c3='i',c4='n',c5='a';
        c1=(char)(c1+4);
        c2=(char)(c2+4);
        c3=(char)(c3+4);
        c4=(char)(c4+4);
        c5=(char)(c5+4);
        System.out.println("china 译成密码为"+c1+c2+c3+c4+c5);
    }
}
```

习题 3

一、选择题

1. A 2. D 3. C 4. D 5. C 6. C 7. A 8. A

9. A 10. B 11. C 12. B 13. A 14. D 15. B

二、填空题

1. false   false

2. (y%4==0&&y%100!=0)||(y%400==0)

3. (x<0 && y<0&&z>=0) || (x<0 && y>=0&&z<0)||(x>=0 && y<0&&z<0)

4. 0

5. 0

三、判断题

1. false 2. true 3. true 4. false

5. false 6. true 7. true 8. true

四、程序改错题

```java
package com.iftask;
import java.io.IOException;
import java.util.Scanner;
public class test {
    public static void main(String[] args) {
        int x, y, r=0;
        char op;
        Scanner sc=new Scanner(System.in);
        x=sc.nextInt();
        try {
            op=(char) System.in.read();
            y=sc.nextInt();
            switch (op) {    //switch{}内为错误处
            case '+':r=x+y;break;
            case '-':r=x-y;break;
            case '*':r=x*y;break;
            case '/':r=x/y;break;
            }
            System.out.println("结果是:"+r);
        } catch (IOException e) {
            e.printStackTrace();
        }
    }
}
```

五、编程题

1.

```java
import java.util.Scanner;
public class Test1 {
    public static void main(String[] args) {
        int a,b;
        Scanner sc=new Scanner(System.in);
        a=sc.nextInt();
        b=sc.nextInt();
        if(a>b)
            System.out.println("较大数的平方值为:"+a*a);
        else
            System.out.println("较大数的平方值为:"+b*b);
    }
}
```

2.

```java
import java.util.Scanner;
public class Test5 {
    public static void main(String[] args) {
        float price,money,d;
        Scanner sc=new Scanner(System.in);
        d=sc.nextFloat();
        if(d<=3)
            money=8;
        else
            money=(float) (8+(d-3)*1.6);
        System.out.println("顾客需付费"+money+"元");
    }
}
```

3.

```java
import java.util.Scanner;
public class Test4 {
    public static void main(String[] args) {
        int a;
        Scanner sc=new Scanner(System.in);
        a=sc.nextInt();
        if(a>0)
            System.out.println("+");
        else if(a<0)
            System.out.println("-");
        else
            System.out.println("0");
    }
}
```

4.

```java
import java.util.Scanner;
public class Test2 {
    public static void main(String[] args) {
        int a,b;
        Scanner sc=new Scanner(System.in);
        a=sc.nextInt();
        b=sc.nextInt();
        if(a>100||b>100){
            if(a>100)
                System.out.println("a百位以上的数字是:"+a/100);
            if(b>100)
                System.out.println("b百位以上的数字是:"+b/100);
```

```
            }
        else
            System.out.println("a 与 b 两数之和为:"+ (a+b));
        }
    }
```

5.
```
import java.util.Scanner;
public class Test3 {
    public static void main(String[] args) {
        int m,a,b,c,t,n;
        Scanner sc=new Scanner(System.in);
        m=sc.nextInt();
        a=m/100;
        b= (m-a*100)/10;
        c=m%10;
        if(a<b){
            t=a;
            a=b;
            b=t;
        }
        if(a<c){
            t=a;
            a=c;
            c=t;
        }
        if(b<c){
            t=b;
            b=c;
            c=t;
        }
        n=a*100+b*10+c;
        System.out.println("重新排列可得到尽可能大的三位数是:"+n);
    }
}
```

6.分析:要求这个数的三位数字之和,首先要分解出这个数的每一位数字,这个一般通过对数求余或取整等运算来完成。

```
import java.util.Scanner;
public class Test9 {
    public static void main(String[] args) {
        int a,b,c,x ;
        Scanner sc=new Scanner(System.in);
        System.out.println("请输入一个三位整数");
```

```
        x=sc.nextInt();
        a=x/100;                /*分离出百位数*/
        b=x/10%10;          /*分离出十位数*/
        c=x%10;                 /*分离出个位数*/
        if(a*a*a+b*b*b+c*c*c==x) /*判断三位数字之和是否与原数相等*/
            System.out.println(x+"是水仙花数");
        else
            System.out.println(x+"不是水仙花数");
        }
    }
```

7.分析:输入方程的系数 a,b,c 后,首先要判断 b^2-4ac 是否大于零,有实根则求出方程的实根,没有实根则输出没有实根的提示信息。

```
    import java.util.Scanner;
    public class Test 10{
        public static void main(String[] args) {
            float a,b,c,p,q;
            double d,x1,x2;
            Scanner sc=new Scanner(System.in);
            System.out.println("输入一元二次方程的系数 a,b,c");
            a=sc.nextFloat();
            b=sc.nextFloat();
            c=sc.nextFloat();
            d=Math.sqrt(b*b-4*a*c);
            if(d<0)  System.out.println("方程没有实根");
            else{
                x1=(-b+Math.sqrt(d))/(2*a);/*求两个实根*/
                x2=(-b-Math.sqrt(d))/(2*a);
                System.out.println("方程的两个实根分别为:x1="+x1+",x2="+x2);
                }
            }
        }
```

习题 4

一、选择题

1.C 2.C 3.A 4.A 5.D 6.C

二、填空题

1. while   for   do…while

2.使程序的流程强行跳出循环体

3.花括号 4.能 5.死循环 6.6 7.8 8.11 0

9.i<=9 j%3!=0

三、编程题

1.

```java
public class Demo1 {
    public static void main(String[] args){
        int n;
        for(n=200;n<=300;n++)
        {
            int a=n/100;
            int b=n%100/10;
            int c=n%100%10;
            if(a*b*c==42&&a+b+c==12)
            {
                System.out.println(n);
            }
        }
    }
}
```

2.

```java
import java.util.Scanner;
public class Demo2 {
    public static void main(String[] args) {
        int score,i=1,sum=0;
        double average;
        Scanner input=new Scanner(System.in);
        System.out.println("请输入第一小组 10 个学生的成绩:");
        while(i<=10)
        {
            score=input.nextInt();
            sum=sum+score;
            i++;
        }
        average=(double)sum/10;
        System.out.println("请输入第一小组 10 个学生的总分是:"+ sum+ ",平均分是:"+
average);
    }
}
```

3.

```java
public class Demo3 {
    public static void main(String[] args) {
        int n,total=1;
        for(n=9;n>=1;n--)
        {
```

```
            total=(total+1)*2;
        }
        System.out.println("猴子第一天共摘"+total+"个桃子");
    }
}
```

4.

```
import java.util.Scanner;
public class Demo4 {
    public static void main(String[] args) {
        int a,b,k;
        System.out.print("请任意输入两个正整数:");
        Scanner input=new Scanner(System.in);
        a=input.nextInt();
        b=input.nextInt();
        if(a<b)
        {
            k=a;
        }else{
            k=b;
        }
        while(k>=1)
        {
            if(a%k==0&&b%k==0)
            {
                break;
            }
            k--;
        }
        System.out.println(a+"和"+b+"的最大公约数是:"+k);
    }
}
```

5.

```
public class Demo5 {
    public static void main(String[] args) {
        int n,s=0;
        for(n=0;n<=200;n++)
        {
            if(n%7==0&&n%4!=0)
            {
                s++;
                System.out.print(n+" ");
                if(s%6==0)
                {
```

```
                System.out.println("\n");
            }
        }
    }
}
```

6.

```
public class Demo6 {
    public static void main(String[] args) {
        int n;
        double sum=0.0,a=2.0,b=1.0,t;
        for(n=1;n<=3;n++)
        {
            sum=sum+a/b;
            t=a;
            a=a+b;
            b=t;
        }
        System.out.println(sum);
    }
}
```

7.

```
public class Demo7{
    public static void main(String[] args) {
        int man,woman,child;
        for(man=1;man<9;man++)
        {
            for(woman=1;woman<12;woman++)
            {
                child=36-woman-man;
                if(4*man+3*woman+0.5*child==36)
                {
                    System.out.println("男:"+man+",女:"+woman+",小孩:"+child);
                }
            }
        }
    }
}
```

8.

```
public class Demo8 {
    public static void main(String[] args) {
        int m,i,sum;
        for(m=2;m<=1000;m++)
```

```
        {
            sum=0;
            for(i=1;i<m;i++)
            {
                if(m%i==0)
                {
                    sum=sum+i;
                }
            }
            if(sum==m)
            {
                System.out.println(m+"是一个完数");
            }
        }
    }
}
```

9.

```
import java.util.Scanner;
    public class Demo9 {
    public static void main(String[] args) {
        int x,n;
        Scanner input=new Scanner(System.in);
        System.out.print("请任意输入一个正整数:");
        x=input.nextInt();
        for(n=2;n<=x-1;n++)
        {
            if(x%n==0)
            {
                break;
            }
        }
        if(n==x)
        {
            System.out.println(x+"是素数!");
        }else{
            System.out.println(x+"不是素数!");
        }
    }
}
```

10.

```
public class Demo10{
    public static void main(String[] args) {
        long n;
```

```
        for(n=1;;n++)
        {
            if(n%3==1&&n%5==2&&n%7==4&&n%13==6)
            {
                System.out.println("韩信至少统御了"+n+"兵士");
                break;
            }
        }
    }
}
```

习题 5

一、选择题

1. C 2. C 3. B 4. D 5. D 6. B 7. C 8. D 9. A 10. B

二、填空题

1. 下标 Array.length 2. 地址 3. 堆 4. 排序 5. int 6. 0

7. 要复制的数组长度 8. 地址 9. 0.0f 10. 不能

三、编程题

1.

```
public static void main(String[] args){
    int[] arr={2,4,6,8,10,12,14,16,18,20};
    int[] newArr=new int[arr.length];
    int j=0;
    for(int i=arr.length-1;i>=0;i--){
        newArr[j++]=arr[i];
        System.out.println(arr[i]);
    }
}
```

2.

```
public class MyDemo {
    public static void main(String args[]){
        int oldArr[]={1,0,3,4,5,0,6,2,0,5,4,7,6,0,7,0,5};
        int newArr[]=new int[count(oldArr)];
        fun(oldArr,newArr);
        print(newArr);
    }
    public static void fun(int src[],int data[]){
        int foot=0;
        for(int x=0;x<src.length;x++){
            if(src[x]!=0){
                data[foot++]=src[x];
            }
        }
```

```
        }
        public static int count(int temp[]){
            int num = 0 ;
            for(int x= 0 ;x<temp.length;x++){
                if(temp[x]!=0){
                    num++;
                }
            }
            return num ;
        }
        public static void print(int temp[]){
            for(int x=0 ;x<temp.length;x++){
                System.out.print(temp[x]+"、") ;
            }
        }
    }
```

3.

```
public class MyDemo {
    public static void main(String args[]){
        int data1[]=new int[] {5,3,1,2,15,12,19} ;
        int data2[]=new int[] {4,7,8,6,0} ;
        int newArr[]=concat(data1,data2) ;
        java.util.Arrays.sort(newArr) ;
        print(newArr) ;
    }
    public static int[] concat(int src1[],int src2[]){
        int len=src1.length + src2.length ;
        int arr[]=new int[len] ;
        System.arraycopy(src1,0,arr,0,src1.length) ;
        System.arraycopy(src2,0,arr,src1.length,src2.length) ;
        return arr ;
    }
    public static void print(int temp[]){
        for(int x=0;x<temp.length;x++){
            System.out.print(temp[x]+"、") ;
        }
    }
}
```

习题 6

一、选择题

1. B   2. C   3. C   4. C   5. B

二、编程题

1.

```java
import java.util.Scanner;
public class demo1 {
    public static void main(String[] args) {
        // TODO Auto-generated method stub
        Scanner input=new Scanner(System.in);
        System.out.print("请输入一个数:");
        int x=input.nextInt();
        int s=square(x);
        System.out.print(x+"的平方是:"+s);
    }
    static int square(int a)
    {
        int c;
        c=a*a;
        return c;
    }
}
```

2.

```java
import java.util.Scanner;
public class demo2 {
    public static void main(String[] args) {
        // TODO Auto-generated method stub
        Scanner input=new Scanner(System.in);
        System.out.print("请输入一个数:");
        int x=input.nextInt();
        System.out.print(x+"是:"+parity(x));
    }
    static String parity(int a)
    {
        String c;
        if (a%2==0) return "偶数";
        else return "奇数";
    }
}
```

3.

```java
public class demo3 {
    public static void main(String[] args) {
        int i;
        for (i=10;i<=99;i++)
            if (judge(i)) System.out.print(i+"  ");
```

```
        }
    static boolean judge(int a)
    {
        boolean flag;
        if(a%3==0&&(a%10==4||a/10==4)) return true;
        else return false;
    }
}
```

4.

```
import java.util.Scanner;
public class demo4 {
    public static void main(String[] args) {
        Scanner input=new Scanner(System.in);
        System.out.print("请输入两个整数:");
        int x,y;
        x=input.nextInt();
        y=input.nextInt();
        System.out.println(x+","+y+"最大公约数是"+greatest(x,y));
        System.out.println(x+","+y+"最小公倍数是"+lowest(x,y));
    }
    static int greatest(int a,int b)//求最大公约数
    {
        int c;
        if (a>b) c=b;
        else c=a;
        while (a%c!=0||b%c!=0)
            c--;
        return c;
    }
    static int lowest(int a,int b)//求最小公倍数
    {
        int c;
        if (a>b) c=a;
        else c=b;
        while (c%a!=0||c%b!=0)
            c++;
        return c;
    }
}
```

5.

```
import java.util.Scanner;
public class demo5 {
    public static void main(String[] args) {
```

```
        int arr1[]=new int[20];
        Scanner input=new Scanner(System.in);
        System.out.print("请输入20位同学的 Java 成绩:");
        for (int i=0;i<=arr1.length-1;i++)
            arr1[i]=input.nextInt();
        int counter=0;
        double ave=average(arr1);
        for (int i=0;i<=arr1.length-1;i++)
            if (arr1[i]>ave) counter++;
        System.out.print("大于平均分的同学有"+counter+"个");
    }
    public static double average(int arr[])
    {
        double sum=0;
        for (int i=0;i<=arr.length-1;i++)
            sum=sum+arr[i];
        return sum/arr.length;
    }
}
```

6.

```
import java.util.Scanner;
public class demo4 {
    public static void main(String[] args) {
        Scanner input=new Scanner(System.in);
        System.out.print("请输入三角形三条边:");
        double x,y,z;
        x=input.nextDouble();
        y=input.nextDouble();
        z=input.nextDouble();
        if (judge(x,y,z)) System.out.print("三角形的面积为:"+area(x,y,z));
        else System.out.print("不能构成三角形");
    }
    static boolean judge(double a,double b,double c)//判断三条边是否能够组成三角形
    {
        if (a+b>c&&a+c>b&&b+c>a) return true;
        else return false;
    }
    static double area(double a,double b,double c)  //求三角形的面积
    {
        double p,s;
        p=(a+b+c)/2;
        s=Math.sqrt(p*(p-a)*(p-b)*(p-c));
        return s;
    }
}
```

习题 7

一、选择题

1—5　DBACD　6—10　DCCBC　11—15　BDDCB　16—20　CDDBB

二、填空题

1. Object　2. public　3. private　4. 除空行　注释行　5. 第一个

6. private　7. Myclass　i　j　8. Student　String

9. max(1234,456,−987)　10. 长度＝3　体积＝60

三、编程题

1.

```
package xsc;

public class Triangle {
    private double a=0;
    private double b=0;
    private double c=0;
    private String message = "";

    public Triangle() {
    }
    public Triangle(double a, double b, double c) {
        this.a=a;
        this.b=b;
        this.c=c;
    }
    public String getMessage() {
        return message;
    }
    public void setMessage(String message) {
        this.message=message;
    }
    public double getA() {
        return a;
    }
    public void setA(double a) {
        this.a=a;
    }
    public double getB() {
        return b;
    }
    public void setB(double b) {
        this.b=b;
```

```
    }
    public double getC() {
        return c;
    }
    public void setC(double c) {
        this.c=c;
    }
    public double area() {//计算面积的方法
        double s=(a+b+c)/2;
        return Math.round(Math.sqrt(s*(s-a)*(s-b)*(s-c)));
    }
    public double perimeter() {//计算周长的方法
        return a+b+c;
    }
    public boolean isTriangle() {//判断三角形是否成立的方法
        boolean temp=false;
        if (a+b>c&&a+c>b&&b+c>a)
            temp=true;
        return temp;
    }
    public String toString() {//判断三角形类型的方法
        if (a==b&&b==c)
            message="此三角形是等边三角形";
        if (a!=b&&b!=c)
            message="此三角形是任意三角形";
        if ((a==b&&b!=c) || (a==c&&b!=c)||(c==b&&!=a))
            message="此三角形是等腰三角形";
        return message;
    }
}
package xsc;
import javax.swing.* ;
public class GoTriangle {
    public static void main(String[] args) {
        Triangle triangle=null;
        String a=JOptionPane.showInputDialog("请输入三角形的任意一边", "");
        String b=JOptionPane.showInputDialog("请输入三角形的任意一边", "");
        String c=JOptionPane.showInputDialog("请输入三角形的任意一边", "");
        try {
            int ba=Integer.parseInt(a);
            int bb=Integer.parseInt(b);
            int bc=Integer.parseInt(c);
            triangle=new Triangle(ba, bb, bc);
```

```
        } catch (Exception e) {
            JOptionPane.showMessageDialog(null, "你输入三角形边的数据格式有误");
        }
        if (triangle.isTriangle()) {
            JOptionPane.showMessageDialog(null, "你输入的三条边可以构成一个三角形");
            triangle.toString();
            JOptionPane.showMessageDialog(null, "你的三角形的类型为"
                + triangle.getMessage());
            JOptionPane.showMessageDialog(null, "你的三角形的面积为" + triangle.area
());
            JOptionPane.showMessageDialog(null, "你的三角形的周长为"
                + triangle.perimeter());
        } else {
            JOptionPane.showMessageDialog(null, "你输入的三条边不可以构成一个三角形");
        }
    }
}
```

2.

```
public class Rectangle {
    private double length;
    private double width;
    public double getLength() {
        return length;
    }
    public void setLength(double length) {
        this.length=length;
    }
    public double getWidth() {
        return width;
    }
    public void setWidth(double width) {
        this.width=width;
    }
    public Rectangle (){}
    public Rectangle (double length){
        this.length=length;

    }
    public Rectangle (double length,double width){
        this.length=length;
        this.width=width;
    }
    public double area(){
```

```
            return length*width;
        }
    }
public class RectangleDemo {
    public static void main(String[] args) {
        Rectangle r=new Rectangle ();
        r.setLength(12.0);
        r.setWidth(30.0);
        System.out.println("长方形的面积为"+r.area());
        }
}
```

3.

```
public class hhe {
    int length;
    int width;
    int high;

    public int getLength() {
        return length;
    }
    public void setLength(int length) {
        this.length=length;
    }
    public int getWidth() {
        return width;
    }
    public void setWidth(int width) {
        this.width=width;
    }
    public int getHigh() {
        return high;
    }
    public void setHigh(int high) {
        this.high=high;
    }
    public hhe(){}
    public hhe (int length,int width,int high){
        this.length=length;
        this.high=high;
        this.width=width;
    }
    public int tiJi(){
        return length*high*width;
```

```
        }
    }
import javax.swing.JOptionPane;

public class qiuZhi {
    public static void main(String[] args) {
        JOptionPane.showMessageDialog(null,"创建一个求长方体体积的对象!");
        hhe as=new hhe();
        as.setLength(5);
        System.out.println("您输入的长是"+as.getLength());
        as.setWidth(12);
        System.out.println("您输入的宽是"+as.getWidth());
        as.setHigh(10);
        System.out.println("您输入的高是"+as.getHigh());
        System.out.println("长方体的体积为"+as.tiJi());


    }

}
```

4.

```
public class people {
String name="";
String sex="";
int age;
int high;
public String getName() {
    return name;
}
public void setName(String name) {
    this.name=name;
}
public String getSex() {
    return sex;
}
public void setSex(String sex) {
    this.sex=sex;
}
public int getAge() {
    return age;
}
public void setAge(int age) {
    this.age=age;
}
```

```
    public int getHigh() {
        return high;
    }
    public void setHigh(int high) {
        this.high=high;
    }
    public people () {}
    public people (String name,String sex,int age,int high){
        this.name=name;
        this.age=age;
        this.sex=sex;
        this.high=high;
    }
    public void shuXing(){
        System.out.println("所以我们都叫他");

        System.out.println("瘦猴子！哈哈哈");
        System.out.println("头发很乱,就像犀利哥一样!");
        }


    }
    public class xianShi {
        public static void main(String[] args) {
            people ss=new people ();
            ss.setName("小丑");
            ss.setSex("不男不女,传说中的人妖!");
            ss.setAge(150);
            ss.setHigh(170);

            System.out.println("此人的名字、"+ss.getName()+'\n'+"性别、"+ss.getSex()
                +'\n'+"年龄、"+ss.getAge()+'\n'+"岁" + "身高、"
                +ss.getHigh()+"cm");
            ss.shuXing();
        }


    }
```

5.

```
    public class e {
        int a;
        int b;
        int c;
        public e() {}
```

```java
    public e(int a) {
        this.a=a;
    }
    public e(int a, int b) {
        this.a=a;
        this.b=b;}
    public e(int a, int b, int c) {
        this.a=a;
        this.b=b;
        this.c=c;}
    public int max() {

        int x=a>b?a:b;
        int w=c>x?c:x;
        System.out.println("最大的一个数是"+w);
        return w;
    }
    public int getA() {return a;}
    public void setA(int a) {this.a=a;}
    public int getB() {return b;}
    public void setB(int b) {this.b=b;}
    public int getC() {return c;}
    public void setC(int c) {this.c=c;}
    public int min() {
        int x=a<b?a:b;
        int w=c<x?c:x;
        System.out.println("最小的一个数是" + w);
        return w;}
    public int Avg() {
        int x= (a+b+c)/3;
        System.out.println("平均数是"+x);
        return x;
    }
    public static void main(String[] saf) {
        e sd=new e();
        sd.setA(4);
        sd.setB(5);
        sd.setC(6);
        sd.max();
        sd.min();
        sd.Avg();
    }
}
```

6.

```
public class bus {
    int speed;
    int number;
    public bus(){}
    public bus(int speed){
        this.speed=speed;
    }
    public bus(int speed,int number){
        this.speed=speed;
        this.number=number;
    }
    public int getSpeed() {
        return speed;
    }
    public void setSpeed(int speed) {
        this.speed=speed;
    }
    public int getNumber() {
        return number;
    }
    public void setNumber(int number) {
        this.numbe =number;
    }
    public void addA(int s) {
        if (s>120) {
            speed=120;
        } else {
            speed= speed+ s;
        }
    }
    public void downA(int n) {
        if (speed< 0) {
            speed=0;
        } else {
            speed=speed- n;
        }
    }
    public void addRen(int ren){
        if(ren> 45){
            number=45;
        }else{
```

```
        number=number+ren;
        }
    }
    public void downRen(int ren){
        if(ren<0){
            number=0;
        }else{
            number=number-ren;
        }
    }
}
public class bus2 extends bus{
    public static void main(String[] args) {
        bus2 zi=new bus2();
        zi.addA(14);
        zi.addRen(15);
        System.out.println("车的速度为"+zi.getSpeed()+"    "+"车上的人数为"+
zi.getNumber());
    }
}
```

7.

```
public class xuesheng {
    String name;
    int age;
    String sex;
    public xuesheng(){}
    public xuesheng(String name,int age,String sex){
        this.name=name;
        this.age=age;
        this.sex=sex;}
    public String toString(){
        return "名字:"+name+"    "+"年龄:"+age+"    "+"性别:"+sex;
    }
    public String getName() {
        return name;}
    public void setName(String name) {
        this.name=name;}
    public int getAge() {
        return age;}
    public void setAge(int age) {
        this.age=age;}
    public String getSex() {
        return sex;}
```

```java
        public void setSex(String sex) {
            this.sex= sex;}
    }
public class xuesheng2 {
    public static void main(String[] args) {
        xuesheng x= new xuesheng("张三",59,"男");
        xuesheng d= new xuesheng("小红",56,"女");
        int w= x.getAge();
        int i= d.getAge();
        System.out.println(x.toString());
        System.out.println(d.toString());
          if(w> i){
            System.out.println("年龄较大的一个"+w+"岁");
          }else{
            System.out.println("年龄较大的一个"+i+"岁 ");
          }
    }
}
```

8.

```java
abstract class Instrument{
    abstract void play();
}
class Piano extends Instrument{
    void play()
    {
        System.out.println("用手指弹!");
    }
}
class Violin extends Instrument{
    void play()
    {
        System.out.println("用琴弦拉!");
    }
}
public class InstrumentTest {
    static void testPlay(Instrument a)
    {
        a.play();
    }
    public static void main(String[] args) {
        testPlay(new Piano());   //测试钢琴
        testPlay(new Violin());    //测试小提琴
    }
}
```

9.

```java
import java.util.Scanner;
ipublic class BankSys {
private int  uId;
  private String uName;
private String address;
private double minMon=0.50;
private double money=1000.50;

public static void main(String[] args) {
  String answer;
  // TODO Auto-generated method stub
  System.out.println("欢迎进入存取款系统!");
  System.out.println("-------------------- ");
  do{
  System.out.println("1.取款 \t2.查询余额\t3.存款");
  Scanner sc=new Scanner(System.in);
  BankSys bank=new BankSys();
  int num=sc.nextInt();
  switch (num) {
  case 1:
    bank.get();
    break;
  case 2:
    bank.search();
    break;
  case 3:
    bank.deposit();
    break;
  default:
    break;
  }

  System.out.println("是否继续？（y/n)");
  answer=sc.next();
  }while(answer.equals("y"));
  System.out.println("程序结束");
}
public void deposit(){
  Scanner sc=new Scanner(System.in);
  System.out.println("请输入存款金额:");
  double  input=sc.nextInt();
```

```
        System.out.println("您的账户原有余额为:"+money+"元");
        System.out.println("已存入:"+input+"元");
        money+=input;
        System.out.println("您的账户最终存款余额为:"+money+"元");
    }


    public void search(){
        System.out.println("您的账户余额为:"+money+"元");
    }


    public void get(){
        Scanner sc=new Scanner(System.in);
        System.out.println("请输入取款金额:");
        double input=sc.nextInt();
        if (money<input){
        System.out.println("您的账户余额不足!");
        }else{
        System.out.println("您本次取出:"+input+"元");
        money-=input;
        System.out.println("剩余金额为:"+money+"元");
        }
    }


}
```